藝術
網路行銷

點擊
中國藝術市場

中國藝術研究院博士
陳義豐 著

代序

中國藝術市場近十年來火爆成長，成為全球投資的新焦點。

中國拍賣業、畫廊大量湧現，成交額屢創新高。在2000年一張徐悲鴻的油畫《愚公移山》在網路拍賣時，以人民幣250萬元被賣出；到了2006年的北京拍賣會上，這張畫又以人民幣3300萬的高價成交。這種亮眼的表現，經由網路資訊的傳播，加速激化了藝術品的交易與流通。

中國是在1994年開始與世界Internet聯網的，雖然起步較慢，但發展迅猛。在2008年首度超越美國，成為全世界擁有最多網友人口的國家，電子商務同時成倍數增長。

當中國藝術市場步入市場機制之後，如何因應現代化的市場行銷觀念，結合中國獨特的發展經驗，並順應網路經濟的大趨勢，讓藝術品如何市場行銷、及如何在網路行銷，便成為一門迫切的課題，有必要更深入的探討、更系統化的研究。

《藝術網路行銷——點擊中國藝術市場》（以下簡稱：藝術網路行銷）就是在這種社會殷切需求的背景下，由中國藝術研究院陳義豐博士執筆，經歷兩年的時間撰寫完成。

《藝術網路行銷》是以藝術市場為核心，反思西方行銷管理的理論，再進一步結合當下網路經濟的特性，輔之以國內外案例與行業報導，希望系統的建立一套具有普遍性的網路行銷概念與可以有效運用的行銷規劃流程。

《藝術網路行銷》的撰寫，具有以下幾個特性：

一、**領先性：**本書參考當代管理學、行銷學、網路經濟學的理論，率先將藝術如何有效運用網路市場行銷，進行全面性的、系統性的分析與探討。

二、**實務性：**大量的引用國內外案例及行業報導，並顧及地域特性，結合行銷理論陳述，讓本書更貼近市場，兼具實務性。

三、**實用性：**綜合本書提供的市場論敘，提出藝術網路行銷規劃的8個步驟，並進行實際演練與操作，印證本書的實用性。

管理是門科學，也是門藝術；而對《藝術網路行銷》而言：一方面既要顧及地域特性的現實，同時也要對網路經濟時代的未來，充滿審慎樂觀的想像。

目次

當代藝術家作品賞析圖錄

引 言

第一節　獨特的中國藝術市場

很多人都這麼認為：中國藝術品市場是由二級市場所帶動的。

按國外藝術市場發展的經驗，當藝術家完成作品首先會交給畫廊代理，畫廊擔任藝術仲介者的角色，運用它的專業將作品大力宣傳並介紹給買家，當藝術家廣為人知之後，他的作品能夠大量流通之時，如果收藏家要出讓他們的藏品，才會交由拍賣公司拍賣；因此一般稱畫廊為一級市場，而拍賣會則為二級市場；國外藝術市場的發展是先一級市場成熟後，再推至二級市場的誕生，是按市場「推」的力量逐步發展而成的。

反觀中國的市場剛好相反，率先由拍賣會來主導，當拍賣會欽點藝術家的作品成功拍出之後，藝術家便很容易為買家所認識、所追捧，再加上中國改革開放後，這幾年經濟發展形勢迅猛，讓每場拍賣會都取得不錯的成績，倒過來影響對藝術品的大量需求，在短期間內不僅拍賣公司激增，連帶地更促進了畫廊的興旺發展；畫廊的誕生是因應客戶強烈的購買需求，因此中國藝術市場的形成很明顯體現另一種由拍賣會領軍，激發買家要貨那股市場「拉」的力量所造成；這是中國內外藝術市場形成，有著本初上的不同。

在國外資本主義的社會裡，我們常說：市場是由「供給」與「需求」那雙看不見的手來支配的；但在中國改革開放之後，要建立具有中國特色的社會主義市場經濟，在一段時期內，「計劃經濟」與「市場經濟」是並行發展的，有時計劃經濟甚至還會凌駕於市場經濟，給「宏觀調控」一番。因此在面對西方傳統市場營銷管理運作的原則原理時，不能完全以「拿來」主義的精神全部照抄，還得本土化有效地調整一番。

第二節　世界最大的上網人口規模

世界文明發展的大趨勢，已經從工業時代邁向網路世紀。

中國是在1994年開始與世界的Internet聯網；早期的中國網站，絕大部分是按照國外的經驗與模式來架設的。如世界最大的入門網站是雅虎，中國國內按其模式設立了搜狐、網易；世界最大網路書店是亞馬遜，中國則以其為樣板，發展成世界最大的中文網上商城「當當網」；網路經濟雖然有其全球化的普及性，但由於國與國之間語言差異所造成市場短暫阻隔的時間差，讓地域型的網站有機會取得先機，邁向成功。這是網路經濟既有的成功模式可以複製的普遍性，又有必須適應當地語言環境要求獨特性的體現。

經過這十多年來的發展，中國網路環境已經愈來愈成熟，不僅解決了網上交易支付的問題，也有效改善了送貨的環節，讓網路經濟中那塊可以進行交易的「虛擬市場」更加成型。

根據中國互聯網路資訊中心（CNNIC）在北京發佈《第23次中國互聯網路發展狀況統計報告》的報告[1]顯示：截止2008年底，中國上

[1] 中國互聯網路資訊中心（CNNIC）2009年01月發佈的《第23次中國互聯網路發展狀況統計報告》

網總人數達到2.98億，這一年是個里程碑，因為中國上網人口規模首度超越美國，成為全球第一，顯示中國「虛擬市場」規模已經名列前茅。

網路世界的虛擬市場不僅對當代的藝術生產造成衝擊，產生以網路為主而進行創作的所謂「網路藝術」美術思潮，也改變了藝術傳播的途徑與速度，當然它對藝術市場的衝擊，更加顯而易見。

畫廊紛紛上網架設網站，藝術家要在網上展示作品，而虛擬美術館也不單單限於實體美術館的網路化了，它正充滿想像而又有趣味地獨立存在於網路世界之中。甚至連批評家也不得不上網寫部落格了，並接受讀者留言、發問……等等的互動；而從網上不僅可以看到知名拍賣會的現場直擊，甚至藝術品已經大量在網路上開始進行「網拍」了。

從藝術工作者、藝術仲介團體、藝術評論家、藝術教育、藝術書籍的販賣……無一不可在網上運行的發展潮流來看，現代人既生活在原本現實的有形世界，但同時也可擁有另一個威力日漸強大的虛擬空間。因此，對藝術市場而言，如何瞭解藝術網路市場的特性，並有效開發運用已經無可迴避。

第三節　網路行銷的現實與想像

藝術網路行銷，作為大勢所趨之下所產生的一門新興的實用學科，其課題的研究不能離開地域的特性，也無法躲開全球化的浪潮。本書就是以藝術市場為核心，反思西方行銷管理的理論，再進一步結合當下網路經濟的特性，輔之以國內外案例與行業報導，希望有系統的建立一套具有普遍性的網路行銷概念與可以有效運用的行銷規劃流程。

是以本書研究的意義在於：

1.以藝術市場為核心，探討藝術品供需的原理與發展規律。

2.探索當代市場行銷管理的原則，結合網路時代的特性，有效運用於藝術市場的開發。

3.研究中國國內外的案例與行業趨勢報導，掌握最新網路經濟的知識，歸納一套實用的藝術網路行銷規劃流程來開發藝術市場。

有人說：管理是門科學，也是門藝術；而對藝術網路行銷而言：一方面既要顧及地域特性的現實狀況，同時要以前瞻的眼光對網路經濟時代的未來充滿想像。

第一章

藝術市場概論

談藝術又兼論市場，向來不為藝術界所樂道。

託中國改革開放之福，在中國能讓藝術進入市場，讓藝術品有機會商品化。藝術家可以不再「罕言利」，對藝術品銷售推廣，可以堂而皇之的掛上「藝術市場行銷」的招牌，成為一門學問。

藝術市場行銷，就是一門研究如何將藝術品以現代市場學概念來運作的學問。有效的藝術行銷，讓藝術市場更加興旺發達，讓更多人更有機會親近藝術，享受藝術的人生。

第一節　市場的形成

市場，傳統的觀念是指買方與賣方聚集在一起進行交換的實際場所。經濟學家現在則用市場來泛指對特定商品或某種類別產品進行交易的買方與賣方的集合。[1]所謂的藝術市場就是藝術品之實際與潛在購買者的集合體。

舉例來說，當藝術家用一個月的時間精心繪製一張古典寫實的畫作時，他心裡對這件作品有個希望的價位。但他所面臨的問題是——是否有人願意以他希望成交的價格來購買？如果有一個願意，那我們就可以認定有一個市場存在。如果這件畫作要價太高，根本乏人問

[1] 參考Kotler&Keller，〈Marketing Management〉，梅清豪譯，《行銷管理》第12版，上海人民出版社，2007年6月第三次印刷，第10頁

律，就沒有市場存在；但是只要藝術家願意降低售價，有很多人覺得買的起，有了購買的意願，那麼市場的規模就會擴大。因此只要具有潛在交易的地方就有市場。

市場的形成來自買賣雙方的交易，當供給的一方願意出售，而需求的一方願意購買，買賣雙方成功地達成交易時，就產生市場行為。

歌唱家自娛自樂的高歌，引來聽眾的圍觀，表面上有供需的功能，但不涉及交易，這不是市場行為。但如果歌者擺上募款箱，要求聽眾自由捐獻，便開始有了市場機制的運行，成為一種街頭賣唱，這時聽眾可以選擇是否要掏錢，要掏多少錢，甚至不聽了，掉頭而去。

同樣地，當畫家在寫生時，找人臨摹，是屬於藝術的創作，但當將素描作品標上價格，作價販售時，就開始步入了市場的範疇。因此，市場行為就是關於藝術品的買賣交易，是一種供給與需求的互動關係，一種滿足需求與慾望的效用交換機制。

一、需求與慾望

在市場行銷學上對需求（needs）的定義是：那件物品，對一個人的心理、生理或社會福祉是必要的。至於慾望（wants）的定義是：那樣東西，是值得擁有的。[2]

人類需要水、食物、衣服以及安全感、歸屬感……等來維持生活；也對果汁飲料、美味的牛排、名牌的西服存有慾望，由於有這些需求與慾望的存在而引發了產品的觀念。

我們對產品可以下個廣泛的定義：

---

[2] Charles D.Schewe.〈Marketing Principles and Strategies〉New York: Random House, 1987, p.5

產品可視為具有滿足人類需求和慾望的東西。

產品可能是件物品、一種服務、一種活動、一個人、一處地方、一種組織或是一個構想。[3]

一件畫作、一場音樂會、一部戲劇演出，滿足心理上的需求與慾望，這是藝術品交換的主要價值。

二、交換的效用

市場行銷的本質，就是有效的進行交換，藉由交換（exchange）來滿足消費者的需求和慾望。

一件畫作，當畫家願意出售時，表示買家所提供的貨幣數額讓藝術家願意割愛，而收藏此件作品的買家也認為支付這筆金錢來購買這件作品是值得的，如此雙方才能完成交換。

藝術品透過交換來讓消費者獲得心理上的滿足，一般來說是提供了這幾個層面的效用：

1.形式效用（form utility）

消費者從產品實質特性所得到的滿足感。[4]以畫作而言，繪畫的風格、主題、內容、材質等這些形式上的因素，可以滿足買家的需要。

2.時間及地點效用（time and place utilities）

在此時此刻消費藝術可以獲得滿足。當消費者在某時某地想要某

[3] 參考Philip Kotler，〈Marketing Management〉，高熊飛譯，《行銷管理：分析、規劃與控制》，第25頁，臺灣華泰書局印行1980年11月初版，第四版

[4] 同前注。P7

種商品或服務時，能立即供應。[5]想要購買繪畫作品，到畫廊有許多作品可以提供挑選，這是畫廊所提供藝術品交易的地點效用。利用假日觀賞劇場表演或音樂會演出，這是在劇場滿足休閒時光的效用。

3.持有的效用（possession utility）

因使用或擁有此產品而產生的滿足感。[6]收藏家對其藏品的擁有，戲迷對特定劇場的長期支持，都是一種持有的效用。這種持有的效用，有些是有形的作品，比如收藏家持有畫作，希望能夠增值獲益；有些卻是一種身份或權力，比如持有劇場發行的貴賓卡，可以優先挑選觀賞的位置，或入坐貴賓席。

有供給有需求就形成市場，市場行銷的工作，就是得不斷去關注所提供的效用，能否滿足消費者的需要和慾望。

圖1：藝術市場供需圖

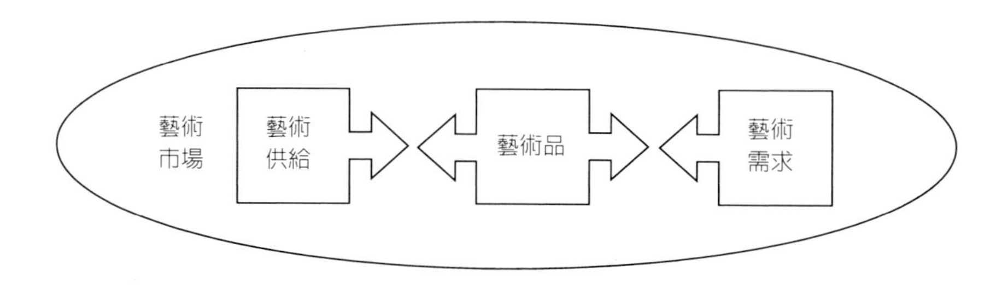

[5] 同前注。P8

[6] 同前注。P8

【行業報導】中國當代藝術市場的崛起

二次大戰後，世界各國各地，經過十年的休養生息，百業興旺，藝術市場也開始在六〇年代初期迅速復甦。而散佈在中國大陸以外的華人藝術市場，也在稍後的二十年間，由裱畫店、古董店與畫廊領軍，陸續在香港、台灣、新加坡萌芽發展，在九〇年代初，攀上第一個高峰，在大陸導向的繪畫之外，許多反映海洋導向的畫作，也開始出現。

從八〇年代到九〇年代，港、台、星藝術市場，率先以四處林立的裱畫店、古董店與畫廊為主要力量，以不斷出現的公私立美術館為輔助力量，以嘗試出現的拍賣市場為引導力量，以穩定發展的美術期刊與學術季刊為平衡力量，開始走向一段空前繁榮的景氣時代。

1995年前後，繁榮長達三十多年的美國紐約藝術市由於外行人盲目的加入藝術投資，以及各種經濟因素，例如股市、電子業、網路業、創投業在過熱之後，出現泡沫化大崩盤的現象，造成了全美藝術市場的不景氣。巴黎、倫敦與整個歐洲的藝術市場，也跟著滑落入。

就在此時，藝術拍賣會卻如雨後春筍在中國大陸各地迅速崛起，絲毫沒有受到歐美藝術不景氣的影響。從1995到2006，十年之間，大陸所出現的拍賣公司，前仆後繼，居然高達4000多家，表示了藝術市場的空前榮景，也預示了一個拍賣市場漫長整合的開始。（2006年）[7]

[7] 節錄自羅青，《當代藝術市場的結構》，見《東方藝術》2006年第21期

第二節　市場的類型

藝術市場的供給主要來源是藝術的創作，如同是藝術品的生產。

藝術的生產有可能是像藝術家這樣單一的個體，也可能是如劇團這種有組織的群體。

當作家寫出文章提供書稿給出版社，作家是供給方，出版社是書稿的需求方；出版社印製成書後，卻又成為書籍的供應方，其主要是透過書局來販賣，因此書局成為需求方。書局是書籍交易的場所，自然又成為書本的供方，而讀者便成最終的需求方。從作家寫書、出版社出書、書局賣書到讀者買書，其間環環相扣的供需關係，便形成了出版業市場。

同樣地，當藝術家完成畫作、雕塑、書法、攝影這些原本無價的藝術創作時，隨後企圖將這些作品換成貨幣，藝術品就成為流通的商品，從而衍生了經紀人、畫廊與拍賣會等相關的藝術品仲介角色，這些負責仲介的個人或組織，一方面對畫家而言是藝術品的需求者，但同時也扮演著推介這些藝術品給收藏家的供給者身份；從藝術家藝術創作、畫廊拍賣公司的藝術推廣到買家的藝術收藏，便形成了藝術品交易市場。

在藝術市場對藝術品的供給與需求關係，因時因地而有不同；生產方是藝術創作者，也是最原始的供給方，而最終的消費者是最後的需求方，至於其中的仲介者既扮演藝術品的需求者也兼具供給者的角色；整個藝術市場就是在這種產銷的供給與需求互動中慢慢形成。於是，我們又可以進一步繪製這張藝術市場的關係圖：

圖2：藝術市場供需關係圖二

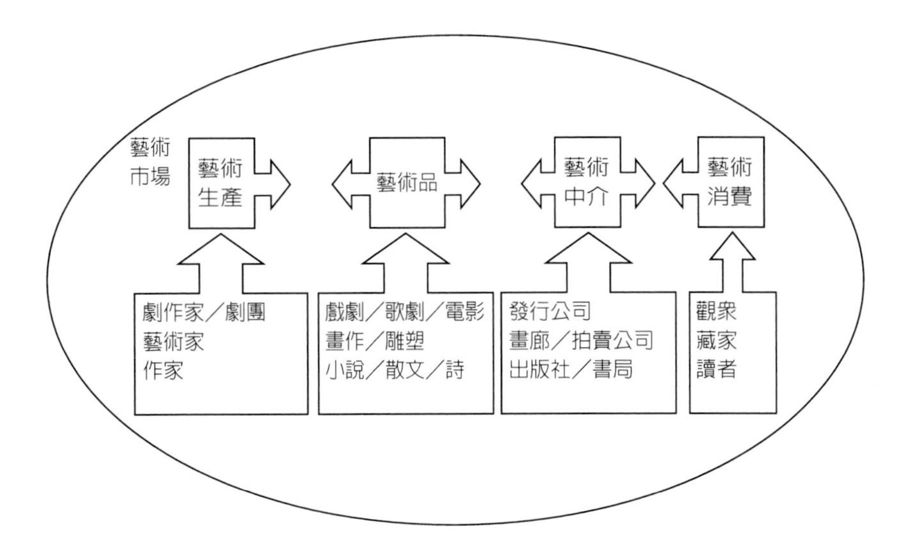

從圖中我們可以瞭解，劇作家、藝術家、作家是藝術的生產者，也是最原始的供給者，所創作出來的產品就是戲劇、電影、藝術品、著作，這些產品經由藝術的仲介團體交到消費者的手中。整個藝術市場就由藝術生產者、藝術品、藝術仲介者與藝術消費者所組成。

藝術市場的類型，由於供需關係、中間管道、區域範圍與科技發展，還可以從以下不同的角度來理解：

一、買方市場（buyer's market）與賣方市場（seller's market）

以藝術市場交易雙方的主客關係而論，可區分為買方市場與賣方市場。

在藝術市場的交易中，涉及買家與賣家。如果當藝術市場達到一種供需平衡的狀態時，表示說想買的人都買得到，而想賣的人也都賣得成，這時藝術市場處於蓬勃發展的均衡狀態。

1.賣方市場

如果遇到投入藝術市場的資金過多，也就是說買家太多，買氣興旺，市場上賣家供給不足，想買的人買不到，藝術品的價格自然飛漲，這時市場處於賣方市場。有名氣的藝術家，著名的舞團，熱門的戲碼，一票難求的演唱會，都是處於賣方市場的地位，供不應求。此時賣方處於主導地位，對於供給的價格與數量有絕對的優勢。

2.買方市場

反過頭來，買氣不足，藝術品乏人問津，拋售的人比買家多，自然價格就會滑落，此時市場就處於一種買方市場的狀態。買家處於優勢的地位，可以主動的挑選、議價。

中國油畫市場在2005年到2006年間漲幅驚人，市場需求旺盛，交易頻繁，交易量放大，此時的市場很明顯處於賣方市場。

【行業報導】油畫價格的飆漲

在全球文化產業迅速發展的形勢下，中國油畫市場也以昂然的姿態走向成熟。2005年以後油畫市場全線飄紅，市場呈現持續火爆的勢頭。油畫指數從2300點上漲到近7000點，漲幅是過去5年總共漲幅的3倍。中國油畫在拍賣專場上不斷創造著一個又一個的高價奇蹟，成為藝術市場的新星。油畫市場的興起是經濟持續高速發展的結果，而20世紀末經濟全球化和全球文化格局的改變，也為世界提供了重新審視中國油畫的廣闊空間，國外收藏家已經開始關注和參與中國油畫的投資，中國油畫市場正逐漸成為國際油畫市場的重要組成部分。

如今，藝術品投資正成為繼證券投資、房地產投資之後的最熱門的新興投資領域。國內藝術市場的整體投資環境也有了較大的變化。隨著公民收入的不斷增加，文化與精神需求的不斷提升，消費群體絕對人口的增加以及消費類型的多元化，油畫市場空前繁榮。（2007年）[8]

二、一級市場（primary market）與二級市場（secondary market）

就藝術市場藝術品流通的管道而言，可以分為一級市場與二級市場。

[8] 節錄自曾軍宏，《油畫藝術市場興起的原因探析》，見《商場現代化》2007年第10期

1.一級市場

所謂一級市場是指藝術品進入藝術市場最初的管道。擔任一級市場的操作者可能是藝術家的經紀人，也可能是畫廊、劇場等機構。他們運用各種資源，負責將藝術家的作品在市場推介、展示與銷售。

2.二級市場

藝術品被購買收藏之後，經過一段時間，當買家想把手中的藏品轉賣時，一般交給藝術品的二級市場。最有代表性的二級市場形態是藝術品拍賣會。拍賣公司多方徵集這些藏家的收藏品，將這些藏品重新估價後，舉行藝術品的拍賣會，邀請有購買潛力的買家出價競買。二級市場的價格來自拍賣的成交價格，當新的買家喊價高於藏家委託的底價時，該藝術品就順利成交。

一般藝術市場是由畫廊率先負責來推介藝術家，慢慢累積收藏群，並提升藝術家的知名度；只有成名的藝術家才有資格進入拍賣會。國外能進入拍賣市場的藝術家大部分已經是相當知名而且累積一定的收藏群，因此對於能夠進入拍賣會的拍品，相對就比較有機會售出；藝術市場是先有一級市場的成熟發展之後，才會引導二級市場的進一步的成長。

中國當代藝術市場發展的經驗卻背離國外這種經驗，反而是由二級市場拍賣會的帶動之下，蓬勃發展起來的；由拍賣公司主導藝術家的選擇、拍品的定價，經由拍賣會的推薦順利拍賣成功之後，成交價格便成為市場的參考價位，而屢創拍賣佳績的藝術家也成為市場的寵兒、收藏家追逐的標的，進而導致畫廊競相代理銷售，這是中國藝術市場發展過程中獨特的現象。

【行業報導】中國拍賣發展大事記

1992年10月3日，深圳市動產拍賣行（現深圳市拍賣行有限公司）在深圳博物館舉辦了「首屆當代中國名家字畫精品拍賣會」，成交率達85%。這是中國內首次舉辦的中國書畫拍賣會，也是藝術品拍賣業在我國內地銷聲匿跡30多年後的首次藝術品拍賣，標誌新時期中國藝術品拍賣的開端。1992年10月11日這天，在國家文物局和北京市文物局的支援以及北京市文物公司配合下，北京拍賣市場對2188件文物藝術品進行拍賣。作為北京市第一家藝術品拍賣公司，該公司總成交額300多萬元，這是當時國內規模最大的藝術品拍賣會，對文物政策的修改也起到了推動作用。

1993年6月上海朵雲軒藝術品拍賣公司舉行首屆中國書畫拍賣會，這是上海開埠150多年來舉辦的首場大型藝術品國際拍賣會。這年5月，中國嘉德國際文化珍品拍賣有限公司在北京成立，並於12月更名為中國嘉德國際拍賣有限公司。

1994年2月，中國國內首家由文物經營單位設立的拍賣公司——北京翰海藝術品拍賣公司成立，9月18日該公司舉行首場拍賣會，中國嘉德在北京舉行首屆春拍，拍賣成交額1420萬元，其中張大千的《石樑飛瀑》以209萬元成交，創下了當時中國書畫拍賣成交價的最高紀錄。

1995年北京翰海藝術品拍賣公司春拍會，成交額首次突破億元，在中國嘉德秋拍會上，油畫《毛主席去安源》以605萬元成交，創中國油畫拍賣的最高紀錄。

1997年拍賣市場本身經過了一段時間的高速發展，開始步入一個調整時期。表現為企業數量增加減緩，一些原有企業甚至偃旗息鼓；拍賣場次有所下調，中國全國成交總額上漲速度減慢。6月，北京太平洋拍賣公司天津分公司1997年春季藝術精品拍賣會資訊納入國際網路，這是中國拍賣行業首次進入國際網路。

1998年春季，受金融危機的影響，拍賣市場一度進入低潮。1998年秋季逐漸走出低谷。

1999年無論是春秋「大拍」，還是每月的藝術品「小拍」，北京藝術品的拍賣數量都明顯減少。全年北京的總拍賣場次大約只相當於1998年的30%到40%，相當於1997年全年的20%到30%。11月，中國拍賣行業協會文化藝術品拍賣專業委員會成立。

2001年中國拍賣行業協會開始了拍賣企業的資格評定，資質分為AAA、AA、A三檔。

2003年的年末，中國嘉德以總成交額4.96億元榮登中國藝術品拍賣榜首，超過了佳士得香港有限公司、香港蘇富比有限公司。北京已成為中國藝術品的拍賣中心。在「非典」過後的2003年秋拍開始，中國藝術品市場一片繁榮。[9]

三、區域市場（regional market）與全球市場（global market）

以市場的範圍來做區隔，可以分為區域市場與全球市場

1.區域市場

亞洲市場、歐洲共同市場，都是屬於區域市場。一個國家的經濟實力很容易從藝術市場的表現來衡量。亞洲國家這幾年經濟快速成長，特別是中國尤為迅猛，藝術品場相對蓬勃發展，中國本土的藝術

[9] 參考北京商報，《解讀京城藝術拍賣》，2007年8月19日，網址：http://www.ici.pku.edu.cn/Article/depth/art/artwork/687.html

家價位屢創新高，以中國為首所帶動的是亞洲藝術的抬頭，區域性的市場繁榮景象特別明顯。

2.全球市場

目前在地球村的潮流下，商品本身的交易已經跨越國界，藝術品市場也是如此。油畫、版畫、雕塑，這些原本廣被接受的藝術形態，早在國際的拍賣市場上普遍性的流通著。成功的藝術家也越來越國際化，多元化的藝術商品表現，結合電影、劇團、活動，紛紛在國際舞台亮麗演出。這幾年中國當代市場發展迅速，中國當代藝術家不僅在國內備受追捧，在國際拍賣會的表現也非常亮眼，這些藝術家已經跨越區域，加入全球藝術市場。

【行業報導】全球藝術市場的變化

自2006年以來，全球藝術品市場的內部結構的確呈現出了某種顯見的激烈變動。

首先是全球藝術品交易中心呈現所謂的「多頭化」，其中以倫敦對紐約的挑戰，以及全球新興藝術市場對西方藝術市場的挑戰，尤其引人關注，其結果是藝術市場的機制在全球化競爭的背景下而變得更有效率，市場結構更趨優化，市場資源更趨豐富，而市場風險也隨之得到進一步地分散。

其次是市場熱點出現了明顯的輪替，在歐美市場中自2000年開始出現了西方現代藝術對印象派的行情輪替，而2002年後隨著當代藝術的行情飆升，又實現了其對西方現代藝術的行情輪替。在中國也是如此，2003年出現了以中國近現代書畫為核心的市場行情，而到了2006年行情熱點則切換成了中國油畫和當代藝術。如果說前期的上漲過程是建立在這種「有上有下」的行情基礎之上的話，那麼未來的行情發展，或許也可能通過同樣的「有上有下」的機制，來實現新一輪的熱點替換，進而實現平穩增長的長遠目標。（2008年）[10]

四、實體市場（real market）與虛擬市場（virtual market）

在網站興起之後，除了原有的實體市場之外，還衍生了一個存在於網路世界的虛擬市場。

1.實體市場

有需求有供給就形成市場，因為交易的物品不同，而有不同種類的市場，繪畫市場、出版市場、影劇市場……，不同的藝術品，有不同的市場形態，在這些市場概念下，實際交易的場所，如電影院、劇場、書局、畫廊、拍賣會就是一種實體市場。

2.虛擬市場

伴隨新科技的發展，網路的發達，造就出在原有實體市場之外，新興一個存在於網路上的供需交易行為，這就是虛擬市場；網路書店、網路電影院、網路電視、網路畫廊、網路拍賣……都是屬於虛擬

[10] 節錄自趙力，《藝術市場行情的背後》，見《雅昌藝術網專稿》，2008年4月28日

市場。這塊虛擬市場正處於急速拓展之中，新的交易形態、新的產品模式、新的消費行為，不斷地衝擊原來的實體市場，同時也為整個藝術市場發展帶來新的契機。

【行業報導】中國網路市場

2014年7月21日，中國互聯網路資訊中心（CNNIC）在京發佈第34次《中國互聯網路發展狀況統計報告》（以下簡稱《報告》）。《報告》顯示，截至2014年6月，中國線民規模達6.32億，其中，手機線民規模5.27億，網路普及率達到46.9%。線民上網設備中，手機使用率達83.4%，首次超越傳統PC整體80.9%的使用率，手機作為第一大上網終端的地位更加鞏固。

2014上半年，線民對各項網路應用的使用程度更為深入。移動商務類應用在移動支付的拉動下，正歷經跨越式發展，在各項網路應用中地位愈發重要。

互聯網金融類應用第一次納入調查，互聯網理財產品僅在一年時間內，使用率超過10%，成為2014年上半年表現亮眼的網路應用。[11]

[11] 節錄自CNNIC《第34次中國互聯網網路發展統計報告》2014年7月21日網址：https://www.cnnic.net.cn/hlwfzyj/hlwxzbg/hlwtjbg/201407/P020140721507223212132.pdf

圖3：實體與虛擬市場

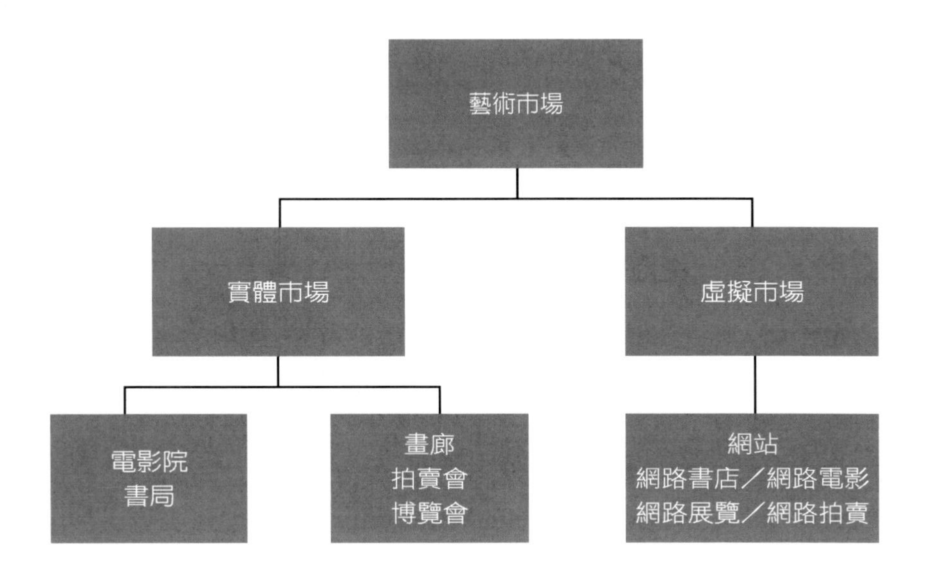

第三節　環境對市場的影響

藝術市場有句戲言說：「這個行業是興於百業之後，衰於百業之前。」當各行各業景氣興旺之後，手中有閒餘的資金，才會想到消費藝術；一旦景氣下滑，緊衣縮食之際，優先節約的就是對藝術的支出。因此藝術市場受大環境的影響頗巨，與總體經濟的榮枯息息相關。要探討藝術市場，必須關注環境的變化，留意外在各個層面的動向與趨勢：

大環境涉及的層面廣泛，舉凡政治、經濟、法律、社會、文化、人口、科技等外在因素都包括：

一、經濟的動向

經濟的景氣循環有高有低，成長有快有慢，考驗國家領導人的執政能力，卻也無法避開國際經濟榮枯的影響。景氣好的時候，個人可支用所得增加，不但可以滿足生活基本需求，還可以有額外支付藝文的支出，講求精神層面的富足。一旦遇到經濟景氣不佳，所得減少，對未來充滿不確定性，消費者只能優先求得溫飽，增加儲蓄，相對地會減少比較不急迫的藝術支出。

二、政治的現況

國外實行政黨政治的地區，一旦新的執政者上台，提出的文化政策，往往會左右藝文支出在國家預算的比重與津貼。甚至省市地方上的首長對藝術的態度也很重要，有些出於愛好，有些以文化來包裝形象，時下更多因應城市發展，結合地方特產、民俗、節慶，有計劃地推動各項藝文活動，舞蹈節、音樂季、電影展……，這些都會直接對藝術市場發生影響。

三、社會文化的趨勢

一個民族文化的積累，關係著對藝術欣賞的品味。社會精英分子的消費行為，對一般民眾也會興起引領的作用，當報導社會名流去觀看演奏會或參觀畫展，當然會引發一般民眾對活動的關注。另外大眾媒體的取材內容也很重要，如果能夠以固定篇幅來定期報導當下的藝文活動，往往有助於帶動整個社會的消費取向；報紙、電台、電視台，他們的文章或節目製作的內容，取材方向無形中影響著大眾關注的焦點。一部精彩的歷史劇，會重新勾起民眾再度重溫歷史的熱潮，而一部動人的藝術家自傳性電影，也能掀起對藝術投以關懷的目光。

四、人口結構的變動

藝術的消費有賴於廣大的群眾，群眾是個空泛的概念，藝術市場通常無法讓老少皆宜、雅俗共賞，因此有必要進一步來分析群眾的屬性，評估其購買力。

影響群眾消費力的人口因素有以下幾項：

1.年齡

不同年齡層對藝術市場的消費能力不同、偏好也不一樣。一般青少年喜歡參加的是演唱會，而成年人則會出席音樂會、舞台劇的居多；不同年齡層的消費形態也會有所差異。

2.性別

對某些表演形式，性別對消費的取向，明顯有很大的差異。一般而言，看舞蹈的女性觀眾較多，聽搖滾音樂會的可能男性觀眾更感興趣。

3.收入

消費者的收入高低當然影響演出票房或者拍賣成交率，高所得者是演出團體及藝術拍賣會爭取的優先對象；對藝術的參與與所得水準關聯性甚大。

4.教育

對於參加藝術活動，比起同年齡不再接受教育者，在學的學生明顯地參與的意願度較高。以德國的經驗來說，將視覺藝術成為教育的必修課程，也造就了德國人購買藝術品的態度比較積極，都柏林視覺藝術機構「藝術製作」藝術總監珍妮・霍頓（Jenny Haughton）曾在一次個人訪問說：「德國人會把畫作視為家庭擺設的重要成分。」[12]可見教育對於百姓消費藝術品的影響力。

【網路調查】

問題：如果你有閒錢，你會考慮買幅畫當收藏嗎？

調查結果：

1.會：	44人	占34.65%
2.不會：	24人	占18.9%
3.看畫作是否喜歡再說：	59人	占46.45%

點閱數：737次

參加調查人數：127人

調查日期：2009年1月9日（7天）

網站：地圖日記http://www.atlaspost.com/landmark-798475.htm

---

[12] Liz Hill&Catherine O'Sullivan&Terry O'Sullivan，〈Creative Arts Marketing〉，林傑盈譯，《如何開發藝術市場》，第83頁，五觀藝術管理有限公司出版2006年二版

五、科技發展的趨勢

新科技的發展對藝術市場的衝擊很大。電影與電視的發明，取代了大部分的現場表演，曾經讓眾多賴舞台為生的演員、歌手、舞者及相關專業人員被迫失業。1980年以後，隨著錄影機、CD\DVD的普及，藝術消費習慣也逐漸快速變化之中，特別在1990年個人電腦出現之後，隨著網路的迅速成長，新的藝術消費形態與市場也隨之蛻變當中。藝術與科技從原先的分道揚鑣，到目前息息相關，未來電腦網路科技的發展狀況與產生的衝擊，更讓藝術創作與藝術消費心態的改變無法迴避。

圖4：外在環境對藝術市場的影響

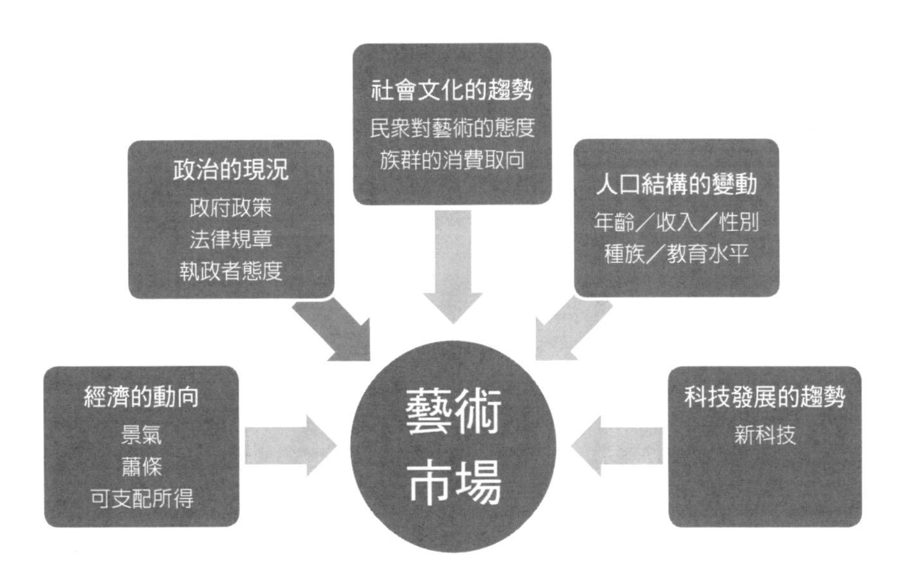

【行業報導】新媒體藝術

什麼是新媒體藝術？

就是網路媒體，也叫第四媒體。

人們按照傳播媒介的不同，把新聞媒體的發展劃分為不同的階段——以紙為媒介的傳統報紙、以電波為媒介的廣播和基於電視圖像傳播的電視，它們分別被稱為第一媒體、第二媒體和第三媒體。

1998年5月，聯合國秘書長安南在聯合國新聞委員會上提出，在加強傳統的文字和聲像傳播手段的同時，應利用最先進的第四媒體——網路（Internet）。自此，「第四媒體」的概念正式得到使用。

將網路媒體稱為「第四媒體」，是為了強調它同報紙、廣播、電視等新聞媒介一樣，是能夠及時、廣泛傳遞新聞資訊的第四大新聞媒介。

從廣義上說，「第四媒體」通常就是指網路，不過，網路並非僅有傳播資訊的媒體功能，它還具有數位化、多媒體、即時性和交互性傳遞新聞資訊的獨特優勢。因此，從狹義上說，「第四媒體」是指基於網路這個傳輸平台來傳播新聞和資訊的網路。「第四媒體」可以分為兩部分，一是傳統媒體的數位化，如人民日報的電子版，二是由於網路提供的便利條件而誕生的「新型媒體」，如新浪網。

人類的每一次技術進步都會帶來藝術上的巨大變革，比如透視學和幾何學的發展影響了文藝復興時期的繪畫；礦物和油料的提純技術的發展影響了北部歐洲明朗而富有層次的油畫塑造風格；機器生產的顏料和光學的研究的成果促成了外光寫生和印象派的發展。在20世紀，在藝術和科學技術之間最大的發展就是圖像技術對於藝術語言特殊影響作用。（2007年）[13]

[13] 節錄自《什麼是新媒體藝術》，見《百度知道》貼吧2007年1月6日

第二章

藝術市場的行銷

藝術家在創作的時候，是否有預設立場？比如說：這件作品是要反映哪個社會階層？是要表演給哪些人看？

德國著名哲學家漢斯・葛歐格・高達美（Hans Georg Gadamer），在他最著名的《真理與方法》（*Truth and Method*）一書中探討到藝術本身與互動者（參與的觀眾）間的賓主關係，他說：「藝術品並非是一個與自我存在主題相對峙的客體，其實是藝術品在改變互動者的經驗過程中才同時獲得它真正的存有。保持與維繫藝術經驗之《主題》的，不是互動者的主觀性，而是藝術作品本身。沒有觀眾互動的作品是喚不醒藏匿於深層的概念隱喻，以及作品本身期待被互動者探討挖掘的可能經驗。」[1]

當藝術品進入市場之後，引導藝術供給者的創作思維是否有所不同？而作為藝術品的互動者，這群參與藝術的觀眾在哪裡？他們消費藝術的動機是什麼？又以何種決策模式來消費藝術。

第一節　市場行銷的沿革

藝術家是藝術市場最原始的供給方。藝術家在創作藝術品時，究竟是為藝術而藝術，還是為群眾而藝術，一語道出了藝術生產本身面臨的難題。

[1] 鄭月秀，《網路藝術》，藝術家出版社2007年9月初版，第126頁

對市場供給觀念的演變，分別先後經歷了以下三個時期，這三個時期不止是時間上演化的三個意義，同時也是在觀念上引導創作的三種思維，分別說明如下：

一、產品導向（Production orientation）

在產品導向的思維裡，藝術供給者「深愛自己的作品」，總希望創作出一種獨一無二、出類拔萃的作品，所以注意力投注在作品的本身，深信只要是好的作品一定能獲得青睞，投放到市場肯定既叫好又叫座。

這種完全關注創作本身的態度，可以從日本藝術家奈良美智的訪談自敘中一窺究竟。

【案例參考】奈良美智的自敘

奈良美智（Yishitomo Nara，以下簡稱「Nara」）：

嚴格地說，我不喜歡自己作品被作為一種商品來出售，也不喜歡自己的畫被賣得很貴。在我看來，人對某一個東西喜不喜歡應該自己去尋找，因為人有自我尋找的能力。而在當今這個時代，不是讓你去尋找，而是利用各種媒體、資訊來給你灌輸，由別人來告訴我們好與不好，人們其實已經喪失了自己的選擇。我想很多人喜歡我的作品或許是因為媒體的宣傳，而事實上，他們並不瞭解我的藝術。

我創作的目的不是為了展覽，也不是為了被推廣，而是為了藝術本身。所以他們宣傳我或者不宣傳我，跟我一點關係也沒有。我只是喜歡畫畫，就這麼簡單。如果我的目的是為了展覽，那我肯定樂意被宣傳。

我從兒童時代開始就一直在畫畫，我一直在尋找我自己，不是為了社會、也不是為了某個主題，而只是為了我自己。所以當第一次有人對我說「我很喜歡你的畫」時，把我嚇了一跳。但有那麼多的人喜歡我的作品，我真的感到很高興。（2007年）[2]

這就是完全以作品為導向，重視創作的本身；到目前為止，還是很多藝術家具有這種思想，雖然不至於完全否定市場，但基本上是一種「創作至上」的態度，我們就稱之為：以「產品為導向」。

以產品為導向，負責供給的一方，相信消費者會喜歡那些能提供最高品質、最真誠表現或者特點最多的作品，這就是產品導向。

二、銷售導向（Sales orientation）

中國改革開放之後，經濟繁榮，市場活躍，各種商品運作的手法，漸漸被引用到藝術市場來。藝術家開始有品牌的觀念，把自己的知名度當成一種品牌來經營，只要名氣打響，作品價格當然水漲船高，眾人追捧。因此，在藝術市場裡，除了藝術家自身運作之外，也會透過專業的經紀人及代理的畫廊等仲介機構來積極推銷作品。以銷售為導向的思維，相信通過市場運作與推銷，可以讓藝術品為消費者認同、接受以至於消費。

[2] 節錄自《奈良美智：為了我自己》，見《當代美術家》2007年3月

慣用的市場操作行為有以下幾種：

1.爭取展覽

以往中國全國性的展覽大部分由國家或公家單位出面組織，分派由各地的協會層層過濾甄選，作品最後能夠出線參展十分難得；但久而久之，按資歷、套關係，反而形成為固定參展的名單，新人要出頭機會越來越少。但市場開放之後，加入自由競爭，現在只要有資金支持，獲得策展人的青睞，就有機會參展。積極爭取參加各種國內外的展覽及演出機會，對年輕一輩的藝術家是累積知名度的捷徑。

2.媒體宣傳

利用大眾媒體的報導，爭取媒體的採訪；購買藝術雜誌版面，大量頻繁的刊登作品與演出訊息；畫家們投入大量的資金，印製精美的個人畫冊，主動提高個人及作品的曝光率，加強藝術家及演出團體的宣傳力度。以往靠「口碑」慢慢的累積知名度，現在則靠宣傳，快速的塑造「口碑」，大量傳播來建立知名度。

3.藝評家加持

能獲得批評家的點名評敘，甚至予以美言肯定，對作品自然有加分效果；因此主動邀請著名的藝術評論家，撰寫文章，對藝術家的作品擔任解讀與評價角色。如此一來，經由批評家推薦的作品、展覽、演出，當然更容易引起收藏界與一般民眾的關注。

4.拍賣會流通

拍賣會是中國藝術品市場形成的重要推手，透過拍賣行的拍品肯定，拍賣會的成交紀錄，讓作品有了客觀的價格參考，使得原本難以估計的藝術創作，有了定價的依據。藝術品經過拍賣市場估價後，更像商品具有流通的特質。

5.豐富學經歷

不管是藝術家的作品展覽紀錄、演出紀錄、獲獎紀錄、被收藏紀錄，甚至是參加專業研習班的學習紀錄，都會豐富藝術家的藝術經歷；努力經營這些藝術的學位與經歷，讓作品更具備被消費、被觀賞、被收藏的價值。

6.藝博會展銷

積極地參加各種畫廊展出、藝術博覽會、藝術節活動，增加作品的曝光度及面對藝術愛好者的機會，讓藝術家被熟悉、作品被關注。

透過在藝術界各種層面的運作，快速的累積知名度，希望讓作品能叫好叫座，這種對藝術市場的積極作為，便是「銷售導向」。藝術市場這種「銷售導向」的觀念，認為消費者是可以直接或間接地運用作品以外的各項市場營運手段，讓藝術家或藝術團體被肯定，進而作品被收藏、被演出、被消費。

三、消費者導向（Customer orientation）

以消費者為導向的思維，必須「有系統地研究消費者的需要及欲求、觀點及態度、偏好和滿足感」[3]。然而，藝術家必須保持創作的自由，這是文化產品的特質，如何協調這兩者的關係，就必須轉變純粹為藝術創作的觀念。因此，對藝術市場而言，行銷不是要影響被創作出的藝術形式，而只是要「替藝術家的作品及詮釋，找到適當的觀眾」，行銷所扮演的角色並不在於形塑，而是一種媒合。[4]

如同德國美學家所提出「隱含讀者」的概念，認為「隱含讀者」既體現了本文潛在意義的預先構成作用，又體現了讀者通過閱讀對這種潛在性的實現。[5]這種隱含讀者的觀念說明了藝術家在創作時就心存觀眾的心態，而消費者也在作品中印驗自己的想法。

對多數的藝術家來說，觀眾是藝術經驗的一部分，創作活動只有在觀眾體驗到藝術家所要表達的作品含意那一刻才算完成。因此如何讓作品為更多人所理解與欣賞，是以消費者為導向的市場功能，也是藝術家們必須面對的挑戰。

馬克思在探討生產與消費的關係中指出：因為消費創造出新的生產的需要，因而創造出生產的觀念上的內在動機，後者是生產的前提。消費創造出生產的動力。[6]這種說法，進一步強化了藝術的生產，來自消費的動力。

---

[3] Kotler & Scheff，〈Standing Room Only〉，第34頁

[4] Liz Hill & Catherine O'Sullivan&Terry O'Sullivan，〈Creative Arts Marketing〉，林傑盈譯，《如何開發藝術市場》第83頁，五觀藝術管理有限公司出版2006年二版

[5] 朱立元：《接受美學》，第192頁，上海人民出版社1989年版。

[6] 《馬克思恩格斯選集》，第二卷第94頁，人民出版社1995年出版

馬克思消費創造出生產動力的理論，與「隱含讀者」的概念相互輝映，均指向藝術消費與生產之間的互動關係。藝術既然屬於精神性商品，如果沒有藝術的接受方與消費，藝術創作及藝術作品無法真正體現其存在的價值。因此，在藝術接受與消費的理論之中，提出「隱含讀者」或者說「隱含的觀眾」的論點，說明了藝術家在創作過程中，有意無意都在考慮自己的藝術作品將被哪一社會階層、社會群眾所接受。藝術作為一種精神性產品，屬於心理的活動，藝術家創作的初衷，只有在觀眾接受或領悟的那一刻，藝術作品才算完成。[7]這與行銷學上消費者導向的概念不謀而合。

事實上，當代有許多藝術家或藝術團體，以消費者導向的思維來進行創作，並不妨害其作品的優越性，而且獲得相當的成功，消費者成為藝術市場行銷關注的焦點。

日本知名當代藝術家村上隆勇於突破傳統，跟上時代的脈動；他從不諱言藝術市場，在其《藝術創業論》著作中，暢談藝術創作的經營之道。他曾為國際知名品牌LV路易威登設計商品，這項跨業的合作非常成功。

村上隆堅信藝術必須要具備世界水準的行銷策略，用心研究歐美世界藝術發展的規律，重視理解收藏家的心態，他對於這群「有錢人」消費者的觀察有獨到的見解。

[7] 王宏建主編《藝術概論》，第430頁，文化藝術出版社出版2006年4月21次印刷

【案例參考】村上隆眼中的有錢人

買藝術品的都是有錢人，例如比爾蓋茲擁有達文西的作品。對享盡榮華富貴的經營者來說，幾乎所有的問題都可以用錢來解決吧！

有錢也會變得比較瞭解人的感情，就是這種時候，人才會開始在意起藝術。為什麼？因為只有人，還有其真實的內心，才像是海市蜃樓一樣，感覺才剛到手卻又被逃走了一樣，這樣的事情他們都很清楚。

人類所能做到的事情，有錢人都做到了，會想要「超越人類」是很自然的發展；在探索過去的超人時，會想要看到天才看到的風景，也是理所當然的願望；藉由眼前看到天才痕跡，而希望獲得突破現實界線的靈感，這樣的願望也是非常真切的。所以成功的人會走向藝術或運動，都是跟超人願望有關。

在瘋狂的世界裡燃燒生命的有錢人，他們的「不滿足」投向了藝術，就像是要確認一直都用金錢解決一切的富裕者所看不見的慾望一樣，所以他們會需要精神異常者的作品或含有性虐待的作品。[8]

村上隆用心理解這群「有錢人」消費者，並積極正視國際藝術市場發展規律的努力，獲得豐厚的回報；村上隆於一九九八年製作的一尊名為「我的寂寞牛仔」裸男公仔，在2008年紐約蘇富比拍賣會上以一千五百一十六萬美金（約人民幣一億元）成交，創下他個人公仔作品的最高標紀錄。

[8] 節錄自村上隆，《藝術的客戶是極奢侈的有錢人》，見《藝術創業論》，商周出版，村上隆著，江明玉譯，2007年10月初版P67、P68、P49

第二節　消費者研究

以消費者為導向的藝術行銷，必須進一步深入瞭解消費者。在藝術市場中，充斥許多不同身份的角色，由於藝術品獨特的商品屬性，這群人圍繞在藝術品的生產與消費之間，有時扮演藝術的供給者，有時又是藝術的需求者，經常會左右藝術品的創作、趨向乃至於消費；茲將藝術市場所有的關係人，逐一說明如下：

一、藝術市場有哪些關係人

1.藝術家

這是藝術市場供給的源頭，為藝術市場提供了最主要流通標的物——藝術作品。藝術家的創作原本是自由的，但有時也會受制於一些外來的影響，比如畫廊的定件、著名藝評家的評論、收藏單位的指定題材創作等等。

2.專家學者

這是藝術市場的意見群體，評價藝術的創作，指引藝術的消費，引導社會的審美趣味與偏好，甚至影響對藝術品評估的價值；這些專家學者，包括：藝評家、藝術理論家、美學家及藝術史學家。

3.藝術機構工作者

如在美術館、博物館的從業人員、策展人，他們負責對藝術展覽主題的策劃、作品的篩選、活動的宣傳，帶動社會對藝術的關注與影響藝術的欣賞。其收藏部門也是藝術品市場的重要消費者。

4.藝術仲介者

藝術經紀人、出版商及畫廊、拍賣行、藝術博覽會、劇場、音樂廳、電影院等經營者，這些人在藝術市場中，扮演對藝術品的選擇與推介角色，並兼具藝術品的需求與供給的關鍵性人物。

5.媒體人員

藝術編輯、藝文版的記者、主編等媒體工作者，在藝術市場擔任宣傳、教育、引導與促進等功能，引導大眾對藝術的認識、欣賞與關注。

6.收藏家與公眾人物

重要的收藏家或者知名人士，他們是屬於消費大眾中的特殊族群。對藝術市場的消費起了指標性的作用；經由大眾媒體的宣傳，有時也會左右當下的藝術欣賞的品味與趨向。

7.消費大眾

這是藝術市場的一般消費群。這群消費大眾，既是藝術品的欣賞者，也是藝術品的購買者。當寫實的繪畫廣受歡迎，畫廊代理的古典風格畫家自然就多了；當大眾普遍不喜歡愁苦悲傷，影劇演出歡樂搞笑的喜劇自然就增加了。

以上這些人都屬於藝術市場廣義的消費者。

對藝術市場的消費者探討，是整個藝術行銷學的核心；誰是藝術消費者？何時消費？在何地消費？為什麼消費？如何消費？一連串的問題，構成藝術市場行銷學進一步關注與研究的主題。

【行業報導】誰對藝術市場有決定力

英國的《Art Review》推出的「The Power 100：2007」，就是對全球藝術界影響力年度性盤點，其範圍涉及藝術家、建築師、博物館美術館館長、藝術批評家、藝術策展人、畫廊、藝術博覽會、拍賣行、收藏家、收藏機構等，基本涵蓋了當下藝術圈中的各種參與角色。在名列其中的各種角色中，收藏家或收藏機構在數量上名列榜首，所占比例也從2006年的21%上升到了今年的31%；由畫廊、拍賣行、藝術經紀人、藝術博覽會等相關藝術市場人士所占比例也達到了30%，比2006年提升了3個百分點；而藝術家、藝術策展人等的所占比例有所下滑，分別下降了7個百分點和5個百分點。同樣，在前10位的排名中，收藏家的所占比例為40%，畫廊經紀人的比例達到了30%，策展人和藝術家的所占比例則分別為20%與10%。

通過統計所得到的資料或許無法統括所有的現實，但是它的結論仍呈現出某種日漸清晰的趨勢特徵。亦如全球性的變化趨勢，收藏家或者收藏機構在中國藝術圈中的影響力也正處於急劇上升的態勢。或許外界仍有「中國國內有否符合國際標準的收藏家」種種的質疑聲音，然而中國國內藝術購買力的大幅增長則已經成為世人有目共睹的事情。價格的高企無疑已經是某種確鑿的現實，但是問題的關鍵是藝術品的高價仍在不斷創出，並持續地抬高著中國藝術品市場的平均價格線。

在中國，由畫廊、拍賣行、藝術博覽會以及藝術經紀人所構成的藝術市場集群，也是近期中國藝術圈中急速竄升的重要力量。畫廊、拍賣行、藝術博覽會、藝術經紀人，是在中國改革開放後同時被引入的西方藝術市場制度，但是長期以來發展得並不均衡：拍賣行商業化程度最高，啟動較早，發展最快；畫廊、藝術

博覽會互為依賴，但因彼此基礎薄弱，自我發展尚且不足，何況相互支持。（2008年4月）[9]

二、消費者的角色

在藝術市場裡的消費者，具備有以下多重的意義：

1.藝術的接受者

藝術家需要觀眾來完善創作，展覽、音樂會、劇團演出，都需要有觀眾。這些觀眾對藝術家而言，彌足珍貴；站在藝術接受者的角度上，從觀眾的參與，可以衡量藝術創作的初衷與觀眾的反應是否達成一致；一件好的作品能夠打動人心，一部好的戲劇能夠扣人心弦，一曲動聽的音樂足以盪氣迴腸，觀眾的表現不斷在檢視藝術家的期待，激勵藝術家的創作熱情。

2.利害的關係人

畫廊、拍賣會需要作品，劇場、音樂廳需要有演出，藝評家需要有評論的對象，就連末端的觀眾，消費藝術品後也會有「口碑」，藝術市場的觀眾，往往是密切的利害關係人。

[9] 節錄自趙力，《誰是決定力——中國當代藝術的代表力量》，見《雅昌藝術網專稿》，2008年4月16日

3.藝術的購買者

當藝術商品化之後，在消費藝術時，儘管買家還存在審美無功利的心態；但對藝術供給者來說，作品的成交，演出的票房，關係著藝術創作能否持續再進行；消費者為什麼購買，會不會再度消費，與商品市場爭取客戶一樣，必須用心面對，無法漠視。

三、藝術消費的動機

藝術家透過藝術品的流通，一者為完善其藝術的創作，再者也能改善經濟狀況，提供後續不斷的創作的經濟援助。

那麼究竟是什麼因素讓消費者願意購買藝術商品，支援藝術品消費的需求動機又是什麼？

1.審美心理

藝術的欣賞來自審美的慾望，喜歡一幅畫，歡唱一首歌，無非是滿足心理層面的慾求，藝術消費主要是滿足這種審美心理。

2.增值期望

購買藝術品已經成為現代人投資理財的選項之一，不管是名家字畫、還是奇珍古玩，在購買的那一剎那，除了喜歡，兼具備未來增值的願望。

3.增廣見聞

讀本好書，觀看展覽，欣賞演出，在藝術消費的同時，也增廣見聞與增加知識。

4.豐富生活

藝術有著遊戲的本質，多元化的藝文活動，讓生活更有趣味，現代人消費藝術已經成為日常休閒的重要活動之一。

5.彰顯地位

觀賞歌劇、舞廳劇，參加藝術拍賣會的競拍，滿足高尚生活，彰顯社會地位的內在願望。

6.社會認同

賣座的電影、熱門的戲劇、流行的歌曲，只有參與消費，才能融入族群，分享共同的話題。

7.盈利謀生

靠藝術品的買賣及活動演出來盈利，通常是仲介者角色，既是藝術品的需求者，也是供給者。

8.自我的體現

借由藝術作品的解讀，來尋求部分自我價值的實現。

藝術的生產因為消費而得以改善經濟狀況，也由於有藝術的需求更加激發藝術創作的動力，整個藝術市場因為產銷互動而得以生生不息。

四、是誰在決定消費

在決定進行藝術的消費過程中，每一位參與者所扮演的功能可能不盡相同。舉例來說：當一個大家族，決定要去一起去觀賞一場音樂會的演出，雖然都是最終消費者，但是在執行消費的過程中，這一群人種有以下幾種的角色：

1.發起者（initiator）

最先提議要去看這場音樂會的人，他就是發起者。

2.影響者（influencer）

對是否要去看這場音樂會提出贊成或否決的人，他的意見足以左右是否要出席，還是另外安排其他的替代方案。

3.決定者（decider）

對這次參加音樂會作出最後決定的人；他同時會決定到哪裡去看、什麼時間去看，甚至要買什麼樣的場次、票價。

4.購買者（buyer）

實際負責交易的人，負責去買票的人，他可以決定到哪裡買票，以何種方式去購票。

5.參與者（attendant）

共同去參加這場音樂會的人。

五、藝術消費的決策流程

儘管在消費過程中，角色眾多，但如何做成決策卻有跡可尋。當藝術進入商品市場之後，針對「潛在消費者」是否決定購買一件藝術品，或者參加一項藝術活動，消費者通常會經過以下五個階段來做決定。

1.確定需求

藝術品消費，有其偶發性，經常是隨意之間看到了展覽的訊息，閱讀到藝術家的評介，或者看到舞台演出的報導；甚至是消費者自己找個理由，比如說：週末想過得文藝一點，想買件畫作當朋友喬遷之喜或為某個節日想找個特別一點的慶祝方式，……不管如何，當消費者興起念頭之後，針對特定的藝術活動或商品，就成為一位潛在的消費者。

2.收集資料

消費者看到一者有關當代藝術市場火爆的報導，對收藏當代藝術品發生興趣，接著便會開始收集資料；進一步找出代表當代的藝術家有哪些，風格怎樣，價位如何，廣泛性的收集相關的資料。

3.比較選項

當買家有了購買的意願，也找出一定的資料之後，開始比較作品之間的各項條件，從藝術家的簡歷進一步瞭解重要的相關記錄，比如重要的展覽、獲獎記錄、拍賣會的成交記錄，甚至是否有重量級的藝評家介紹或收藏單位，通常最後選擇的作品是買家喜歡，價位也合宜，風評還不錯的作品。

4.決定購買

當產生心目中想要收藏的藝術家對象之後，進一步得找尋從哪裡能買得到作品？該藝術家有沒有代理的畫廊，近期有沒有舉辦展覽展銷，甚至拍賣會是否有該藝術家的作品上拍？最後通過畫廊，找到畫作，談妥價格，決定購買；或經由競拍得標，順利成交。

5.消費評估

當買家購得畫作之後，經過一段時間的沉澱，會有收藏的心得。通常藏家會持續關注這位藝術家的表現，是否有新的作品發表，相關的藝術評價如何，拍賣行情的走勢，對同類作品的偏好，都會影響消費者是否會再度購買的重要因素。藝術消費後的心得，往往會有正面與負面的評價，好的評價形成口碑，不好的評價招致批評；「平均來說，一位滿意的顧客會把一種良好的產品經驗告訴三個人，而一位不滿的顧客則會向十一個人抱怨。」[10]

[10] Liz Hill & Catherine O'Sullivan&Terry O'Sullivan，〈Creative Arts Marketing〉，林傑盈譯，《如何開發藝術市場》，第89頁，五觀藝術管理有限公司出版2006年二版

圖5：購買的決策流程圖

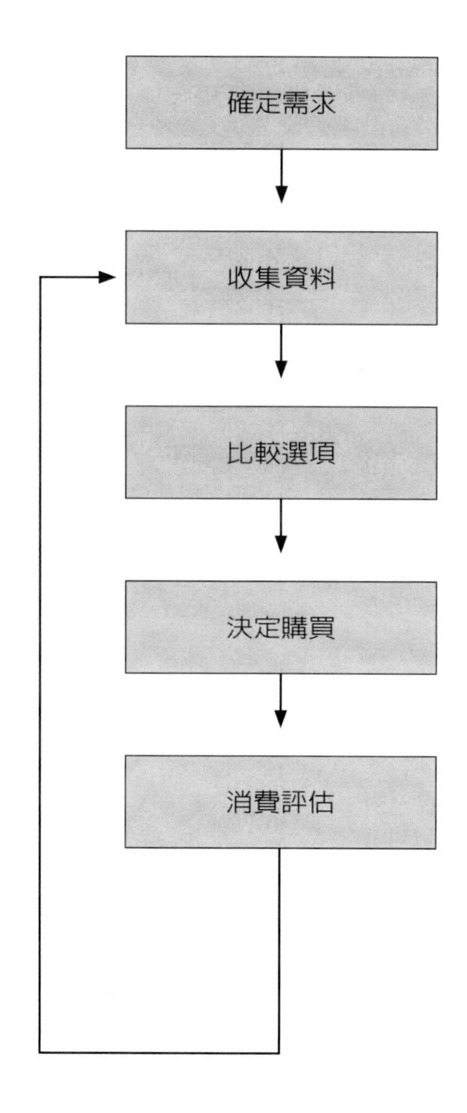

第三節　目標市場區隔

藝術家在進行創作時，總希望雅俗共賞，老少咸宜，既叫好又叫座。但這種期望越來越不現實，因為世界變化快，個體的差異性越來越高，同樣的主題，越來越難引起全體大眾的同鳴。

以繪畫來說，長一輩對國畫，基於傳統文化的素養相對接受意願比較高，但年輕新富階層，由於現代的居家裝潢加上西潮的美學風尚，對色彩斑爛的油畫相對會比較關注；至於從小讓電玩陪同長大的新人類，未來的審美品味與形態也將會不太一樣。

市場行銷就是企圖替藝術品找到「對的族群」來欣賞，企圖對市場進行區隔，找出同質性高的族群，以他們的語言來進行溝通，滿足他們的消費偏好。

在行銷學上，這就是將市場進行區隔。

一、目標市場[11]設定

這種按消費者特徵來將市場進行區隔，找出目標群體共同的特徵、偏好或消費行為，就是目標市場的設定。選擇目標市場，應注意以下幾點：

1.可衡量

目標市場必須可以衡量。希望所有富人都來消費藝術，這是個寬泛的概念，目標針對買得起寶馬與賓士車的車主，就比較能統計市場的大小了。

[11] 參考Kotler.P.&Keller Kevin Lane，〈Marketing Management〉，梅清豪譯，《行銷管理》，第288頁，上海人民出版社2007年6月第3次印刷

2.規模夠

將市場區隔之後，得評估選定的目標對象規模夠不夠大，在一地區內買得起賓士寶馬的人屬於消費層裡金字塔的頂端，這其中喜歡歌劇欣賞的人口數夠不夠，如果太少，那麼就是表示這個目標市場對象過小了。

3.可實現：

找到的目標群體，是可以達到並提供服務的對象。戲劇演出通常選擇夜晚，拍賣會時間儘量會安排節假日。時間的安排必須考慮目標群體消費的方便及可實現性。

4.有差異

市場區隔主要是找出目標銷售群體，被細分的群體之間是存在有差異性的，否則就沒有區隔的必要。比如說：如果在外資或國營的高階經理人對藝術購買力沒太大差異，就沒有再細分下去的必要。

5.易執行

對一些演出團體而言，前置作業時間是極其有限的，因此對目標族群確定之後，相關的行銷計畫是必須考慮到能夠容易執行與表達。

【案例參考】電影《梅蘭芳》

《梅蘭芳》從整體的市場戰略佈局到具體戰術應用都很成熟。新聞話題的安排，首映式等各種活動，傳播方式的選取，在到尺度的把握，已經感覺得到一種高於影視業貫用的炒作手段，更具有一些方法科學的行銷味道。

該片投資方為中影集團，在影片宣傳上投入千萬鉅資，顯然意在通過《梅蘭芳》大賺一筆，其票房預期是3個億。在經歷了《赤壁》大戰之後，中影的行銷手法也更加成熟：節奏性發佈新聞，建官方網站，空中硬廣連番轟炸，地面口碑行銷深入，在上映前還組織了一場由全國影院經理參加的大型看片會。會後傳出的消息是，這些市場一線的專業人士一致認為，《梅蘭芳》將是今年賀歲檔影片中真正具有潛力的大片之一，極具票房潛力，這些專業人士還給出了預估資料：《梅蘭芳》票房收入將超過2億，這種意見領袖的表態無疑會對廣大影迷產生積極的影響。中影集團出招狠辣，且招招中的，效果不凡。

《梅蘭芳》這部電影的內容可以說無可挑剔，唯一的不足可能就是內容不夠大眾化，不見得所有觀眾都會買帳。

確立清晰的目標觀眾群體，因為目標精確，傳播費用會大大降低，而這一群體的滿意度也會遠高於大眾群體。他們的正面口碑宣傳同樣可以鼓動周圍的親朋好友來觀看影片，逐步形成良性的口碑傳播鏈。大眾題材電影都需要定位，對於《梅蘭芳》這部較為個性化的文藝片來說，精確的定位更是關鍵。（2008年）[12]

[12] 節錄自史光起《梅蘭芳：從炒作到行銷》，見《中國行銷傳播網》2008年12月23日

二、如何區隔市場

市場區隔的方式很多，不同的藝術商品與服務應該針對其特性，選擇合適的細分方式。區隔市場可以參考的因素有以下幾種：

圖6：市場區隔參考因素[13]

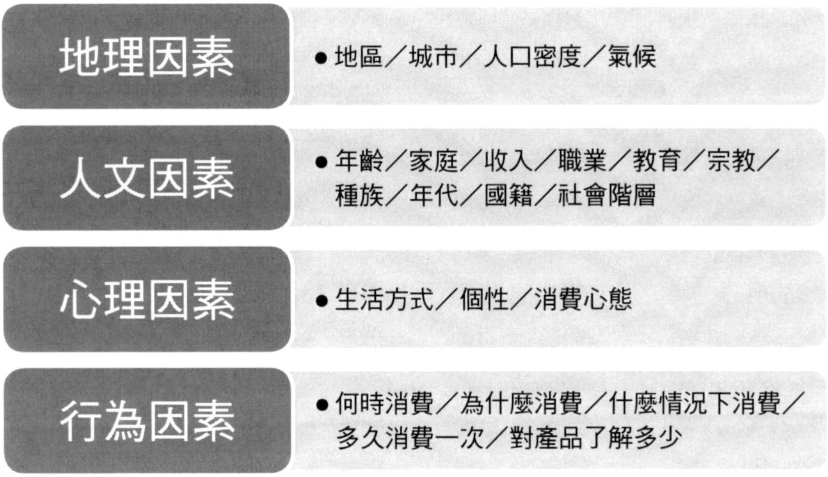

因素	內容
地理因素	●地區／城市／人口密度／氣候
人文因素	●年齡／家庭／收入／職業／教育／宗教／種族／年代／國籍／社會階層
心理因素	●生活方式／個性／消費心態
行為因素	●何時消費／為什麼消費／什麼情況下消費／多久消費一次／對產品了解多少

1.地理因素

演出團體必須考慮觀眾觀賞的方便性，什麼樣的主題適合在那個地方演出，關係演出的成本也影響票房。一般按地理因素有以下考慮要點：

[13] 參考Kotler.P.&Keller Kevin Lane，〈Marketing Management〉，梅清豪譯，《行銷管理》第272頁，上海人民出版社2007年6月第3次印刷

(1)地區

中國大陸土地遼闊，東北、華北、華中、華南、西北……，都有其地區性的特色，適合作為目標市場規模選擇的考量。

(2)城市

每個城市經濟發展的情況不同，同樣屬於華北地區，北京、天津與石家莊、保定，就很容易分出一級城市與二級城市的差異來。

(3)人口密度

地廣人稀的西部地區，城市化人口集中的現象尤為明顯，同樣是二級城市，人口數也會大不相同。

(4)氣候

中國東北的冬季嚴寒，華南的夏季炎熱，對需要戶外表演的演出團體，特別需要關注。特別是對於演出的日期安排，天候的考量尤其重要。颳風下雨的天氣，影響原本要出席的意願。因此在南方的地區儘量避開雨季，而北方的城市，對於冷冽的冬季來臨時的戶外演出，應儘量避免。

2.人文因素

影響藝術品消費的人文因素很多，比如：藝術品的購買與所得消費息息相關，藝術品拍賣會針對高所得、高消費目標對象的名單收集一直不虞遺力。而演唱會特別是流行性音樂的演唱會，年輕族群絕對是必須動員與掌握的對象。目前針對不同的年齡世代，有其特別的稱號與表證；傳統對老年人有所謂的「銀髮族」，現在對新生代，稱之為「草莓族」。銀髮族主要鎖定有錢有閒的特性，成為演出團體的最愛；而草莓族則是求新求變，講求只要我喜歡，敢超前消費的特質，是實驗藝術不能忽略的世代。因此對於觀眾的屬性，有必要逐一檢視：

(1)年齡

不同的世代，差異越來越來；同樣是文革主題的繪畫或演出，年輕一輩與老一輩的反響絕對不同。

(2)家庭

以往幾代同堂的大家庭已經漸漸瓦解，目前以一家三口的小家庭為主要形態，其消費行為也不一樣。

(3)收入

所得的高低直接影響藝術消費的能力，高檔藝術品的拍賣與一般收入群眾無緣。

(4)職業

什麼樣的職業對藝術有特別的偏好與關注，工程師、設計師、美術工作者……應該在優先考量之列。

(5)教育水準

教育水準越高，通常來說對藝術欣賞的意願比較大，特別對國外的演出團體，高學歷有其欣賞的語言優勢。

(6)宗教

對於演出的題材，有些涉及宗教信仰的禁忌時，應該避免引起爭議。

(7)種族

中國少數民族眾多，各有其特別的風俗與傳統習慣，有些圖騰可能成為藝術表現的特色，但有時解讀不同，反而成為忌諱，必須小心應用。

(8)年代

這是個快速變化的世界，每個世代之間有其特別的偏好，不同世代往往成為藝術欣賞時，對題材的選擇有所差異。

(9)國籍

全球化的文化浪潮已經來襲，整個藝術市場越來越開放，世界巡迴演出日漸頻繁，國與國的文化交流密切，不同的國度，其消費屬性，也越來越被重視。

(10)社會基層

舊有的封建階級打破之後，隨著經濟的發展，在資本主義社會裡，有所謂的白領階級與藍領階級，工人與管理階層，受雇者與老闆，新的社會階層隱然出現；網路出現之後，有一批整日埋首網路世界的「宅男宅女」族群漸漸地形成。

3.心理因素

藝術欣賞是一種心靈的活動，消費者的心理狀態，影響對藝術的品味、偏愛，其中值得注意的因素如：

(1)生活方式

特別是作息的時間、休閒的安排……等等

(2)個性

個性保守的人，習慣於傳統藝術形態；有冒險精神的人，比較敢嘗試新事物，實驗劇團，當代藝術，新的題材與表現方式反而是消費的誘因。

(3)消費心態

消費的意願如何：對藝術的態度是冷漠、是溫和、是否有信心，還是很消極。

一般消費者的態度不外乎有以下幾種：

- **積極參與者：**對藝術懷有熱情，對藝術市場充滿信心，並已經化為行動實質參與者。
- **潛在客戶：**有意願，平時留心藝文動態，但卻遲遲還沒有實際投入者。
- **莫不關心：**對藝術資訊不甚留意，對於藝術活動的參與可有可無，沒有強烈的慾望想要接觸、瞭解與消費。
- **懷疑敵意：**不喜歡藝術，也沒有參與的意願，甚至對藝術有偏見，懷有敵意。

對於藝術積極參與者及潛在的客戶，這兩項目標群體是積極要動員的目標，而後面二者，則需要時間，不是短期行銷手段所能克服，有賴於政府力量、媒體的大力宣導，才能有機會慢慢帶動。[14]

【行業報導】當代藝術市場信心指數調查

英國「藝術戰略」調查公司近日推出最新調查成果「當代藝術市場信心指數」。報告顯示，中國當代藝術品市場將持續疲軟，而作品一直在市場上保持天價的「中國當代藝術F4」張曉剛、岳敏君、王廣義和方力均都跌出了中國當代藝術家前10位信心指數之列，被蔡國強、艾未未等多媒體藝術家趕超。

---

[14] 資料參考Liz Hill&Catherine O'Sullivan&Terry O'Sullivan，〈Creative Arts Marketing〉，林傑盈譯，《如何開發藝術市場》第96頁，五觀藝術管理有限公司出版2006年二版

「藝術戰略」此次的調查，是根據全球62個收藏家、拍賣行、藝術商、藝術評論家的問卷調查結果所得。調查結果稱，中國當代藝術市場的未來價格走勢將更加疲軟，在中國當代藝術家前10位信心指數中，F4集體「失蹤」，而楊福東、張培力、張洹、蔡國強和艾未未等多媒體藝術家取得了信心指數前5位的位置。報告由此稱，未來「張曉剛等拍賣明星，可能被多媒體藝術家趕超」。

根據「藝術戰略」公司的另一份報告，全球當代藝術品市場的信心指數在2008年5月的基礎上跌了80%，預計要3到5年才能恢復。「信心已經觸底，藝術品價格還會跌得更慘」，「藝術戰略」的創始人派特森說。（2009年）[15]

4.行為因素

藝術對一般人而言總覺得高高在上，甚至往往會採取「不懂藝術」的否定態度。向民眾推廣藝術向來是政府單位及民間藝術群體努力不懈的目標。為了增加藝術消費族群，提高藝術關注，並提供傑出藝術家的演出的機會，必須不斷的策劃藝術節、音樂季或節假日的露天廣場演出，期望能帶動群眾對藝文的熱情，擴大藝術消費人口。

一般群眾對活動的參與取決於對藝術的態度。針對目標族群的藝術消費的態度，可分兩大塊，一者是認同，另一者是沒有興趣。對此目標族群中，當然優先鎖定有認同感的那一群；這群人中還可細分為已經消費過及尚未消費的兩部分，行銷的任務就是要讓未消費者有機會親近藝術，而已消費者能再度重複消費。

[15] 節錄自田志凌《當代藝術明星將被取代》，見《南方都市報》2009年2月19日

圖7：對藝術消費行為的市場區隔分析

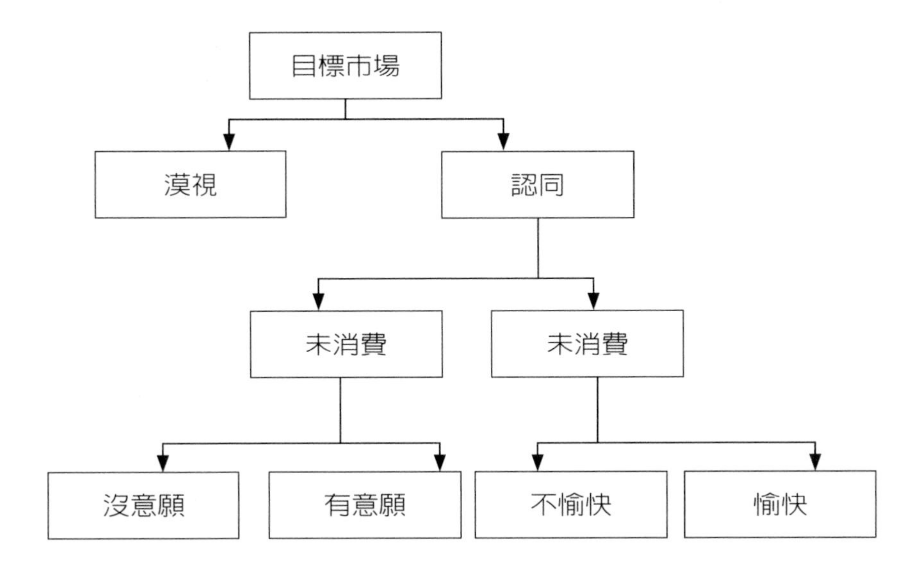

探索消費者行為，可以思考以下問題：[16][17]

- **誰在消費**：是一個、兩個人，還是一群人
- **是誰決定購買**：群體中那些是意見領袖，最後的決策者
- **誰會影響消費決策**：有哪些人參與決策
- **何時消費**：方便消費的時間，比如：畫廊一般的休假日是週一，因為考慮前來的客戶大多數在假日逛畫廊的人多。

---

[16] 資料參考Liz Hill&Catherine O'Sullivan&Terry O'Sullivan，〈Creative Arts Marketing〉，林傑盈譯，《如何開發藝術市場》第98頁，五觀藝術管理有限公司出版2006年二版

[17] Kotler.P.&Keller Kevin Lane，〈Marketing Management〉，梅清豪譯，《行銷管理》，第209頁，上海人民出版社2007年6月第3次印刷

- **為什麼消費：**或許因為要慶祝生日，或許是出於情侶的邀約，或者是商場的聯誼，甚至為了增廣見聞，針對不同的消費動機，才能設計不同的訴求。
- **在什麼情況下消費：**是自發性還是引導性，是目的性還是偶發性，考慮不同的消費動機，有助於各項的服務配套。
- **在哪裡消費：**比如演出團體，考慮購買的方便性，在台灣不妨考慮已經隨處可見的便利超商；而迎接網路時代的來臨，網路購票是未來主流。
- **對活動的認識程度：**傳統戲曲的介紹與國外歌劇的導讀，會因為熟悉度不同，介紹的內容深淺也會有所差異。
- **多久消費一次：**透過會員的招募、年票的設計、慶祝活動的理由，就是希望讓前來消費的客戶持續地不間斷的重複消費。
- **有沒有消費品牌意識：**明星的光環效應，公眾人物的加持，是否會有加分的效果。

行銷，整個事件就是以消費者的觀點來考量。透過市場的區隔，選擇目標客戶，有效進行交換；一方面讓藝術創作能夠引起目標客戶的興趣，進而化為實際購買或參與的行動，並同意以支付貨幣來消費藝術；另一方面，藝術供給者也能由此獲得經濟的收入，並經由觀眾的參與及消費，回饋創作心靈。

【行業報導】藝術經紀人

藝術經紀人要具有豐富的市場運作手段。他不僅要有豐富的人脈資源，還要能準確地進行市場細分，判斷這個藝術家的市場定位，策劃、選擇為藝術家出畫冊、辦展覽的最佳時機和地點。他們還會恰到好處地利用各種媒體配合藝術家的推介。總之藝術經紀人要運用一切手段來説明藝術家和他的作品被社會接受並獲得市場和收藏家的青睞。而一旦藝術家的作品得到社會的認可，經紀人就實現了他的經營理念，創造出直接的經濟效益。當然，在經紀人所參與掌控的這個藝術家和社會的互動過程，也提高了社會大眾的審美水準。

藝術家有了經紀人，可以把自己的絕大部分時間和精力用於創作上，而不用為生計發愁，也不用為出名後的無休止的應酬而煩惱。經紀人則在投入大量的時間和金錢用於藝術家的發掘和包裝後，通過對藝術家作品的買斷和對其一定時間的利用，從而在商業上達到自己利益的最大化。

經紀人收益建立在所推介的藝術家和其作品的市場可接受度之上。藝術家的藝術風格是固定的，但不同的消費群體有不同的消費心理，對風格的選擇是多樣的。經紀人必須對目標市場有精準的分析，從而找準市場的切入點。（2006年）[18]

[18] 節錄自曹明，《試論經紀人對促進藝術市場發展的重要作用》，見《藝術經理人》2006年17期

第三章

行銷規劃

該賣什麼產品？賣多少錢？在哪裡賣？如何讓它賣的更好？這是市場行銷關注的主要問題。「美國行銷協會」（American Marketing Association）為行銷所下的定義是：將想法、商品及服務加以成型、定價、促銷及分銷，以創造交換，讓個人及組織的目標獲得滿足的規劃與執行的過程。[1]

從這個定義我們不難理解，在行銷學上，要交換的標的物，包含想法、商品與服務；相對於藝術市場而言，那就是藝術的創意、藝術品與藝術演出。至於所謂的成形、定價、促銷與分銷，所涉及的就是藝術品本身的產品概念、如何定價、如何宣傳及透過何種途徑來銷售。這也是行銷學上最常被提及的產品（Product）、價格（Price）、管道（place）及促銷（Promotion），簡稱為4P。

藝術行銷就是解決藝術品從創作到消費的整個規劃執行過程。有效的市場行銷管理，就是能夠善於管理這四項行銷組合，而希望達成的成果，自然是反映在市場上的作品熱銷、演出賣座、普受好評。逐一說明4P如下：

[1] Willian J. Byrnes，〈Management&the Arts〉，桂雅文、閻惠群譯，《藝術管理這一行》第404頁，五觀藝術管理有限公司2006年9月第二刷

圖8：藝術行銷管理簡易圖

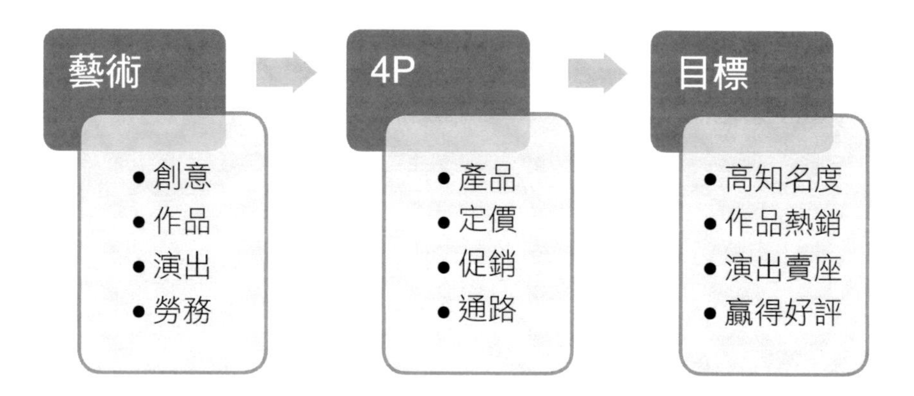

第一節　產品（Product）

產品不只是實物而已，特別對藝術商品，除了有形的如畫作、書本，更多的是無形的演出、展覽等服務。行銷學者將產品的概念包含了實體商品、服務、體驗、實踐、人物、地點、財產、組織、資訊和觀念。[2]在藝術市場上，關注的並非只是藝術家創作了什麼樣的作品，而在於如何轉換成為觀眾所滿足的需求。

產品的概念劃可以分為幾個不同的層次（見圖9）[3]，每個層次都代表可以給消費者額外帶來的利益，成為顧客的價值體系，借由這種分析，有助於更加理解藝術商品與服務應該具備哪些核心的價值與可以增加哪些相關的利益。

---

[2] 參考Kotler.P.&Keller Kevin Lane，〈Marketing Management〉，梅清豪譯，《行銷管理》第414頁上海人民出版社2007年6月第3次印刷

[3] 參考Kotler.P.and Andreason.A.（1996），〈Strategic Marketing for Non-Profit Organizations〉，張在山譯，《非盈利事業之策略性行銷》，國立編譯館1991年出版

圖9：廣義產品概念

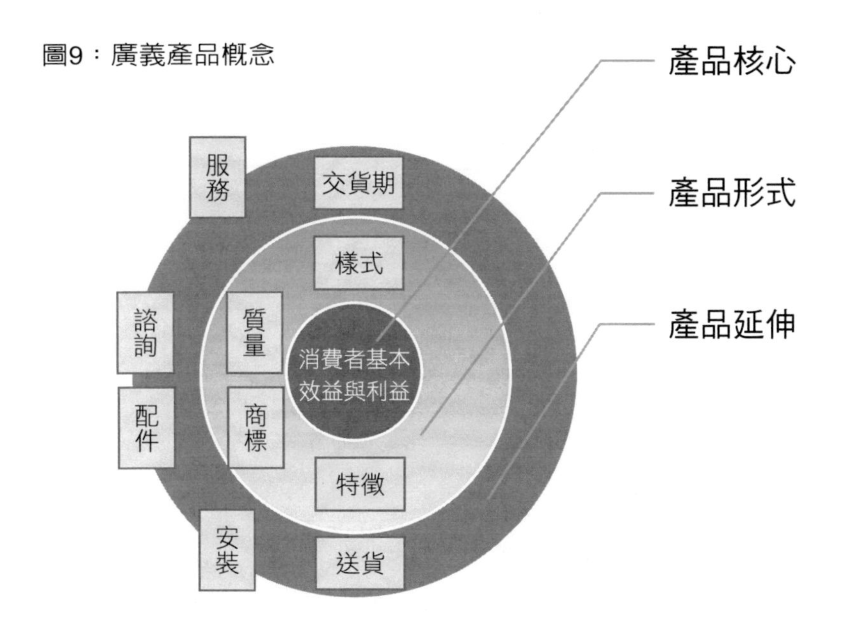

一、產品的核心

藝術品作為流通的商品，究其消費的本質，藝術品精神層面的意義才是它作為交易的主要價值，及體現其核心價值表現方式的形式意義。在藝術市場上所供給的商品服務中，其核心利益來自藝術消費經驗，這是藝術品的核心利益，這種核心利益具有以下特性：[4]

1.無形性（intangibility）

藝術消費在本質上是一種經驗，這種經驗是主觀的感受，是無形的，只有消費過後的喜歡或不喜歡，而且買家在購買之前，往往是

[4] Bateson, John and Hoffman, Douglas（1999），〈Managing Services Marketing: Text and readings〉

無法事先體驗的。這種無形性，對於觀賞戲劇音樂會演出、劇場表演……等等，必須臨場消費的藝術形態，特別明顯。

2.作品與消費的不可分割性（inseparability）

通常指的是表演藝術。觀眾不僅是消費者，也是參與者，在一定的時間與環境下，觀看劇場的演出，音樂會的演奏，消費的是這種親臨現場的參與經驗。

3.異質性（heterogeneity）

所謂藝術品強調的是它的獨特性，沒有一次的表演是完全一樣的。縱使是版畫或雕塑，在限量手工製作下，不同序號之間也會有些微的區別。對藝術消費者而言，即使欣賞同一件作品，觀看同一幕演出，所獲得的藝術經驗也會因為創作者與演出者不同而改變。

4.易滅性（perishability）

一場演奏會，沒有賣出的座位，隨著演出結束就失去價值。因此藝術行銷時常要面對的挑戰是供給與需求是同步發生的困境，比如：叫座的劇場演出，儘管反映熱烈，叫好聲不斷，也無法立即再度「供給」加演一次。[5]

---

[5] 參考Liz Hill&Catherine O'Sullivan&Terry O'Sullivan，〈Creative Arts Marketing〉，林傑盈譯，《如何開發藝術市場》第89頁，五觀藝術管理有限公司出版2006年二版

5.不可退換性：

藝術品不僅有其獨特性，有些也具有不可退換性。畫作的真跡只有一件，只能選擇買或者不買；一場演唱會，當購票觀賞之後，縱使不符合期待，卻也無法退換。

二、產品的形式

藝術品的消費偏重於心理層面的滿足，當終究必須落實在產品表現的形式上。藝術品對品牌非常的注重，同類的產品，因為品牌的不同，價格的差異很大。對於藝術品的具體表現形態，也有別於一般的商品，分別說明如下：

1.品牌

藝術品的品牌已經成為藝術品很重要的組成部分。藝術家、演出團體乃至於藝術仲介機構的品牌，就是其知名度。良好的知名度，有助於提振購買力。有些消費者甚至是認名買單，不僅對藝術家如此，對演出團體也是一樣，知名品牌如同大牌影星一樣，會成為票房保證。藝術家可以有別名、藝名，如同作家有筆名；對藝術團體而言，取個朗朗上口的名稱也挺重要。如何讓名稱更具吸引力，以下幾點有關品牌命名的要訣可供參考：[6]

(1)可記憶

讓品牌名稱好叫好記。

---

6 參考Kotler.P.&Keller Kevin Lane〈Marketing Management〉梅清豪譯，《行銷管理》第313頁，上海人民出版社2007年6月第3次印刷

(2)有意義

名稱能夠適當地與所提供的藝術形態或內容銜接，讓人容易聯想。如著名的舞蹈團體——雲門舞集，既有內涵又能彰顯其藝術形態。

(3)有趣的

在視覺、形象或其他方面能喚起有意思的想像。

(4)可轉換的

品牌有其侷限性，在其專業的領域內，具有可轉換衍生的效益，比如藝術家原本是以繪畫見長，如果延伸作雕塑、攝影等創作可能沒問題，但如果粉墨登台，演舞台劇充當主角，是否具有同等號召力就需要謹慎評估。

(5)更新性

品牌是否能隨著時代不斷與時俱進。

(6)可保護

品牌是否有法律上的保障，是否容易被複製或模仿。

品牌對藝術商品如同是一種信譽的象徵，是一種無形的資產，良好的品牌形象，也是維繫消費者忠誠度很重要的橋樑。

【案例參考】林懷民為何命名「雲門舞集」

那年我才26歲。

但是創立雲門的時候，我們用了中國最古老的名字，據說是在黃帝的時候，大容作雲門，根據古籍，雲門是中國最古老的舞蹈，我喜歡這個美麗的舞名，就拿來當做現代舞的名字。

取這個名字實際上是對於台灣文化的一個反思和決心。因為在台灣在60年代受到非常嚴重的西方的影響，比如說我們唱的歌都是一些外國人的歌，文學上也受到影響。到了我們這一代的時候，也許從雲門開始，我們要做自己的舞，那時候喊出一句話，中國人作曲，中國人編舞，中國人跳給中國人看。（2008年）[7]

2.形態

藝術品本質上是屬於精神性產品，當藝術品進入市場之後，便具有一定的商品屬性。在市場學上解釋「產品」（product），往往包括有形的商品（goods）與無形的勞務（service）；藝術品作為在藝術市場流通的商品，也具備了這種有形與無形這兩種的屬性，具體成為可供消費標的，其形態可以歸類以下幾種：

(1)藝術作品

藝術家的字畫、雕塑、彩繪、攝影作品；作家的書籍；戲劇被拍攝成的影片與錄影帶等等，都是以有形的商品在市場上流通。

[7] 節錄自《林懷民——做自己，雲門舞集之路》，見《北京文藝網》2008年3月20日

(2)藝術演出

歌者的演唱會、音樂家的演奏會、劇團的演出、舞團的表演，這種以藝術家的演出來收取報酬的方式，大抵都屬於這種無形地勞務商品性質。

(3)權利

影片的播映權、作家的著作權、圖片的刊登權、畫作的翻印權、音樂的播放權、人物的肖像權……等等，諸如此類以授權做為市場交換的標的物。

(4)事件

對各種文化活動而言，如音樂節、藝術博覽會、藝術季、雙年展、各種主題展、文化競賽……定期或不定期的主辦、演出與比賽，漸漸在藝術市場上取得非常活躍的地位。

(5)觀念

將一些觀念或者說創意，轉換成有形無形的商品，或許是傳統的手工藝革新、也許是歷史概念的再創造、甚至是當代人物的冠名發展，目前有一個很熱門的名詞，統稱之為「文化創意產業」。

(6)場所

結合土地開發商，將特定的區域規劃成主題樂園、原生態民俗村、文化街、藝術家工作室、展覽館、工藝品市場……，將特定的場所、區域乃至於城鎮，做為一個大型藝術商品來經營。

圖10：藝術市場的產品形態

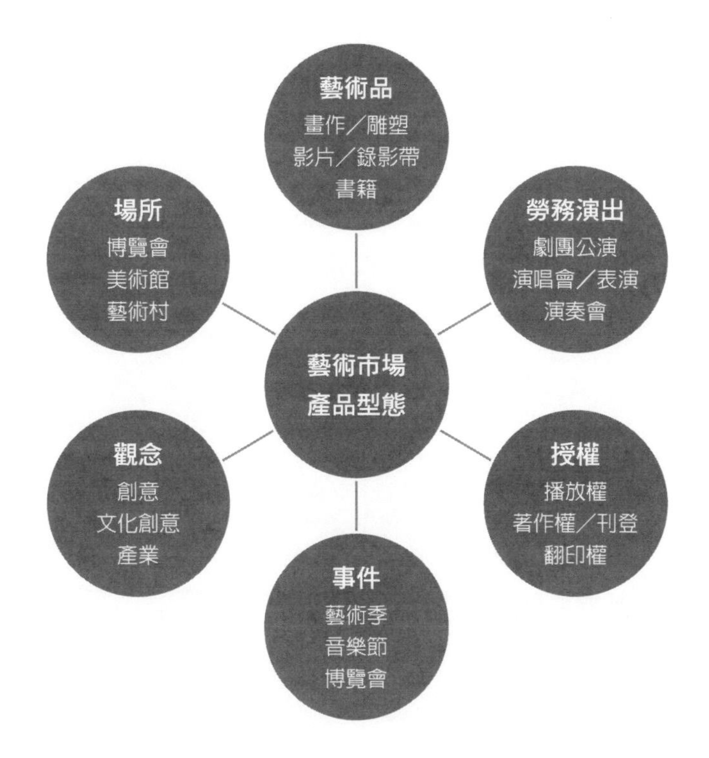

三、產品的延伸：

在一般商品市場裡，廣義的產品概念不只是產品的本身，還包括在產品交付消費者之前的一切相關服務，諸如：

1.諮詢

藝術品的消費著重感受，因此從消費者的詢問開始，就必須讓其獲得良好的回應；而一些輔助性說明資料，如：演出的說明書，畫家的圖冊，也會成為藝術品消費不可忽視的一環。因此，面對消費者的提問，不能調以輕心，應該視同購買已將展開，必須及時地、清楚地予以解答。

2.附件

一幅好的畫作，精心裝裱，非常重要，而且還要注意其包裝，不只力求款式精美，也應注意運送時材質的安全；甚至附帶有「保證書」、出版的圖冊，也應一併附上。

3.交貨期

藝術品不同於一般的必須品，並不是非消費不可。往往購買藝術品是隨機性的一時興起，因此應該要在買家情致高昂時，快速交貨為原則。不管是演唱會的票券，藝博會的展品，經買家下單決定購買之後，應立即接洽後續交貨的時間。

4.送貨

對於價格高昂的藝術品，必須交由專業的運輸單位來承運；從事前的包裝，到運送過程中的保護措施，都得非常謹慎小心，買賣雙方最不樂見的是，因為運輸不佳而損毀作品的慘痛經驗，一般對於高價的藝術品，還會加以投保運輸保險，來規避風險。

5.安裝

有些畫廊為了完善服務，還會提供到府安裝的額外服務，事先勘查環境，協助屋主挑選畫作，最後再親自送貨，並幫忙懸掛安裝。

6.配套服務

藝術的消費不該是一次性的，藝術品應該提供客戶後續的配套服務。好的演出團體，會致力於觀眾的經營，吸收他們成為會員，定期發送最新的劇團動態，演出節目單，並提供優惠的票券；而針對藝術品的收藏家，他們也樂於接收有關藝術家的展覽邀請函，藝博會的入場券或媒體刊登的評介文章，這些銷售之後的配套服務，不因購買後而終止。

第二節　價格（Price）

雖然常聽人說「藝術無價」，藝術品的真正價值不是金錢可以衡量。但當藝術進入市場之後，還是必須估計，需要明確地訂定價格。藝術品的定價不易，卻仍有一定軌跡可尋；在商品市場的一些定價方法值得參考，而且價格，也是行銷組合四項要素中最容易調整的一項，直接關係到市場的營收。

那麼，在定價時有哪些因素需要考慮呢？

一、影響定價的因素

1.內在因素

來自藝術品自身的考慮，藝術家本身主觀的價值認定，對藝術團體或仲介機構的營運成本、銷售策略、財務目標……等等，都是屬於藝術品內在因素的考量。

2.外在因素：

來自環境因素、行業的競爭、市場交易習慣與消費者對產品的需求情況等的考慮，便是影響定價的外在因素。

圖11：定價的影響因素圖

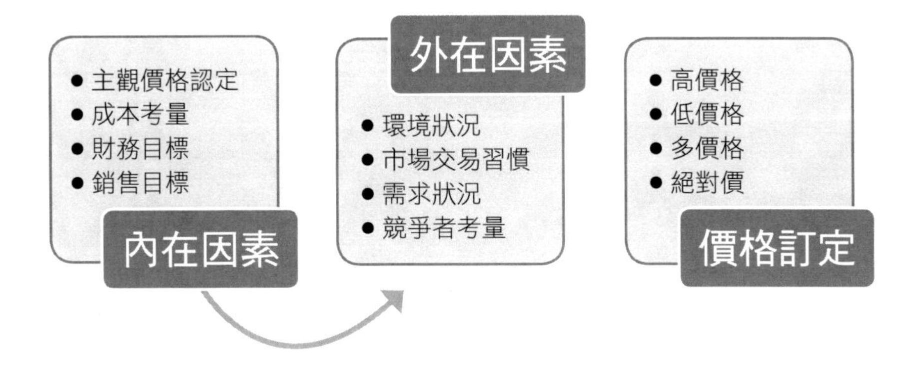

二、幾種定價的方法

價格訂定是門學問，同樣一件商品，價格往往因時因地的不同考量，而導致最終售價有所不同，列舉以下幾種價格訂定的方法：

1.絕對性主觀定價法

大師的知名畫作，都是唯一的。當拍賣市場出現徐悲鴻的油畫代表作品《愚公移山》時，如何定價沒有依據，只能主觀的以賣方願意出售的價格來定底價，這是主觀性的定價，一旦有買家接受，這個價格就會成立，這是種絕對性的主觀定價法。

2.成本加成定價法

對一般演出團體來說，高成本的製作並不能保證一定賣座。演出之前，必須評估各項可能的花費，進而妥為定價、估算收入，謀求損益平衡點、創造盈餘。

圖12：劇團的盈虧考量

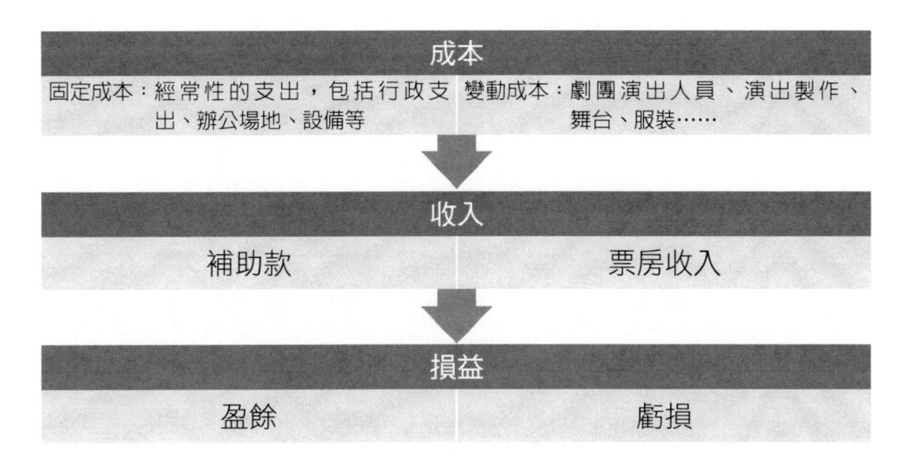

3.需求導向定價法

根據消費者與市場的特性來作為價格訂定的參考，比如一場劇團的演出，影響消費者意願的因素包括演出者的名氣、演出的場地設施、演出的主題，還有就是票價，一般消費者需求的意願與價格呈反比，也就是說，價格越高影響需求的意願，在經濟學上的需求曲線圖如下：

圖13：消費者需求曲線圖

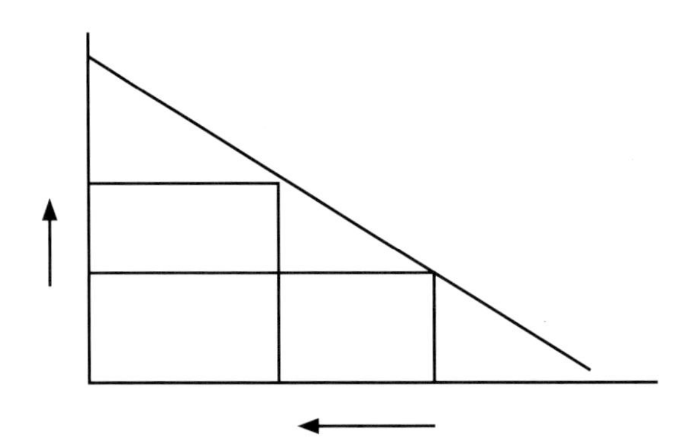

一般而言，價格上升，需求量會下降，演唱會低價位的票永遠占大多數。但對藝術商品市場而言，卻必須考慮特殊的情況，對有些藝術家的作品，如果低於市場行情太多，反而不是件好事，會讓藏家懷疑該作品的真偽，如果市場大量低價畫作充斥，更影響收藏者的信心。在藝術品市場有時與股票市場一樣，追漲的心理濃厚。

4.競爭者導向定價法

參考同輩藝術家同一時期的作品，類似的題材，相同的尺寸與材質，及市場流通的價位，來作為訂定價格的參考基準；如果作品曾被知名單位收藏過，或參加重要的展覽過，甚至被藝評家及媒體刊登過，比起其他作品，當然還得往上加價。對演出團體也是一樣，可以參考同類型的演唱會或劇場表演的票價水準，作為定價的參考依據。

5.策略性定價法

這是一種心理定價方式，故意將價格定高或者定低。畫廊老闆對年輕藝術家推入市場時，先採低價策略來吸引藏家，等銷售一段時間形成買氣之後，再逐步調高價格。拍賣場也會故意針對封面或主力推的拍品調高價位，形成拍場的焦點，至於一般拍品則壓低估價，來吸引買家。[8]

6.拍賣式定價法

藝術品拍賣是非常常見的銷售方式。拍賣有公開喊價方式，也有密封性的比價模式；一般而言，主要有三種競拍形式的價格成交方法：

(1)加價法

加價是最常用的方法，在規定的時間內，買家不斷的往上加價，時間截止時，由最高出價者得標。

(2)減價法

有兩種情況，一者為「一賣多買」，宣佈一個最高的價格，然後慢慢減價，直到買家願意接受的價格。另一種為「一買多賣」，買方宣佈想要購買的品項，多方賣家壓低價格爭取，直到最後得標。

(3)封閉式投標方式

供應商只能提供一份報價，採密封式，彼此不知道其他人的供應價，一般政府機關的採購最常使用這種方式。[9]

---

8 參考黃文叡著《藝術市場與投資解碼》，藝術家出版社2008年7月初版

9 參考Kotler.P.&Keller Kevin Lane，〈Marketing Management〉，梅清豪譯，《行銷管理》第501頁，上海人民出版社2007年6月第3次印刷

7.差別價格定價法

不採統一的價格，按照不同的情況，有不同的售價：

(1)顧客細分法

針對不同的客戶身分，而訂定不同的價格。最常被列為特殊的群體的對象，如學生、老人、殘疾人士，提供不同的票價。

(2)產品形式定價法

單一原創的畫作價格最高，限量的版畫價格次之，授權的印刷品，價格最為普及。

(3)管道定價法

同樣的畫作，在二級市場拍賣行，與一級市場畫廊的價格還是會有差異。一般而言，拍賣成交價會高於市場行情；但有時對於熱門名家的成名畫作，也會出現畫廊參加競拍，得標之後，再加價對外出售的情況。

(4)位置定價法

這種對演出團體得票券最為常見，劇團、舞團、演奏會……在同一個場所內，不同的位置，票價可以定的不一樣。

(5)時間定價法

不同的季節，不同的日期，甚至一天不同的時段，價格會不一樣。比如：節假日與平常日，日場與夜場，售價也可以不同。[10]

---

[10] 參考前注，第507頁、508頁。

【行業報導】是誰掌控藝術品的定價大權

作為特殊商品，藝術品較一般商品的一般流通規律要複雜得多。藝術品的使用價值，除受到題材、材質、創作年代、製作工藝等物質因素影響外，還與購藏者的個人喜好相關，所以，藝術品價格受收藏時尚、供求關係等方面的制約十分明顯。

在國際藏家介入中國當代藝術收藏後，特別是近年藝術市場的攀升中，收藏家逐漸成為當代藝術權力的象徵，成為當代藝術生態鏈中十分重要的環節。在藝術家和收藏家兩個端點中，後者的位置日益顯著，大藏家通過建立博物館、發佈當代藝術獎項，不僅對整個藝術市場格局產生影響，甚至已經影響到了當代藝術本身。與靠美院、美協、美展培養藝術精英的舊有流程不同，當藝術市場介入中國藝術體系後，新的藝術明星在很大程度上是靠畫廊、批評家、收藏家力量推動的，甚至在學術上已久負盛名的畫家，其市場地位仍然需要藏家以價格的形式來鞏固。

所以，不顧金錢趨動當代藝術和藝術家的實際，單純強調藝術品的「固有價值」，是畫家和批評者忽視已經改變了的藝術體系現狀，依然沉浸於80、90年代的「學術趨動」模式之中。（2007年）[11]

[11] 節錄自劉曉丹《是誰掌控藝術品的定格大權》，見《藝術市場》2007年第7期

第三節　管道（Place）

在藝術市場形成之後，大部分的藝術供給並不是由藝術家或藝術團本身將藝術創作直接賣給最終的消費者；在藝術生產者和最終消費者之間，有一系列的行銷中間機構來提供不同功能的銷售服務，這些仲介機構組成了行銷管道（marketing channel），也稱銷售管道、分銷管道或通路，在行銷上被劃入4P中Place的範疇。現在就行銷管道中的這些仲介機構扮演的角色與運作方式，逐一說明如下：

一、中間管道身份的細分

1.買賣中間商

有些中間機構買進產品，取得商品所有權，然後再出售商品，就叫做買賣中間商。如一些將藝術家作品買斷的畫廊。

2.代理商

也有一些中間機構（如經紀人，劇團的代理人）其主要功能是尋找客戶，它們有時也代表生產單位同客戶談判，但是並不擁有商品的所有權，這些人或機構就叫做代理商。

3.輔助機構

還有一些中間機構（如運輸公司、獨立倉庫、銀行和廣告代理商）則支援分銷活動，但是既不取得商品所有權，也不參與買賣談判，他們就叫輔助機構。[12]

---

[12] 參考Kotler.P.&Keller Kevin Lane，〈Marketing Management〉，梅清豪譯，

二、中間管道的運作方式[13]

1.推的力量（push）

從藝術創作者開始，運用銷售的力量與促銷的手段，從中間商購進，到讓顧客增加消費意願，一環接一環的推動。舉例來說：年輕藝術家接受畫廊代理，以降低利潤分成的比例來提供畫廊為其推廣的意願，畫廊在有利可圖之下，自然願意加重為其推廣的力度，相對地，也能以讓利的方式，來吸引買家，提高末端的收藏意願。

2.拉的力量（Pull）

利用宣傳或廣告的手法，從末端激發消費者的需求，反向對中間管道求供，因而激發中間管道向上游要貨。比如這幾年，當中國當代藝術被炒熱，拍賣公司順勢提供當代藝術品的專場拍賣，畫廊則競相尋求所謂當代藝術家，或將旗下代理的藝術家貼上「當代」的標籤，而藝術家則往「當代藝術」隊伍靠攏；這種便是由於市場末端收藏需求強勁，反向帶動市場蓬勃發展的一股「拉」的力量。又比如說：藝術家或藝術團體在國內外的獲獎紀錄或者優異表現，透過媒體的報導引發民眾的關注，進而就會讓市場掀起「拉」抬的熱潮，結果可能是藝術家作品熱賣，價格水漲船高，或者演出團體大為賣座，一票難求。

《行銷管理》第501頁，上海人民出版社2007年6月第3次印刷。

[13] 參考前注，第526頁。

【行業報導】中國當代藝術品市場淺議

去年（2005年）以來，中國當代的藝術品市場在海內外一路行情暴漲，引起了普遍的關注，有關中國藝術市場是否正在進入一個泡沫時期的議論不絕於耳。

這一波的行情上漲主要是由拍賣業強力拉動的，而非由畫廊和收藏者的供求關係決定的。與西方成熟的藝術市場體制不同，在畫廊、藝術博覽會和拍賣公司這三大藝術市場類型中，中國的藝術拍賣公司一枝獨秀，博覽會競爭激烈，而畫廊業處境艱難，雖然近兩年畫廊蜂起，但大多是草創階段，還未打出盈利天下。

有一種說法是，中國的拍賣公司頂替了畫廊的角色，不管一個藝術家是否有畫廊代理，作品是否有穩定持續的銷售紀錄，只要畫有賣相，拿來就拍，有些青年畫家就是在拍賣公司那裡開始了自己的市場之旅，這大概可以算是「中國特色」吧。而在國外，藝術品收藏者主要是與畫廊打交道的，大收藏家更是與大畫廊有長達十年或數十年的穩定關係。

拍賣公司逐利為先，本在情理之中，不應指望拍賣公司對當代藝術的發展起到什麼歷史定位和引導作用，那是畫廊和美術館、博物館的事情。問題在於拍賣公司對商業前景看好的藝術家的「追尾」，直接導致了一些初入市的藝術品購藏者的「追風」。這是遲到的「尾聲」，不僅是因為在拍賣公司那裡，你只能買到已經十分成熟的流行的藝術品，更重要的是你不具有前瞻性的藝術眼光，就不能掌握藝術品升值的主動權，在高價購入那些高檔的時尚產品時，也同時購入了更高的風險。（2006年）[14]

[14] 節錄自殷雙喜，《遲到的追尾：中國當代藝術品市場淺議》，見《美術觀察》2006年8月

三、中間管道的功能

一般中間管道提供的功能有以下三種：

1.銷售管道（sales channel）

為藝術品找尋買家，取得訂單、協商價格、促成交易，以畫廊而言就是負責出售畫作，以演出團體而言就是販賣票券，以書店而言就是販賣詩歌、散文、小說等文學作品。

2.送貨管道（delivery channel）

當買賣雙方達成交易之後，如何將買賣標的物送達買家的手中，這其中可以委託專業的運輸公司來代勞。有時由於畫作的價格高昂，或有意要與藏家增進感情，負責銷售的畫廊，也會同時擔負起這個功能，親自送達。

3.售後服務管道（service channel）

藝術品交易完成，附帶的裝裱服務，現場安裝服務，甚至有些畫廊針對特定藏品，還會附帶提供藏家後續代為買賣的功能，再經由二次的交易從中收取傭金。

四、管道層級[15]

管道層級指的是從生產者到消費者中透過的中間環節的多寡，來衡量中間管道的層級，一般而言有以下幾種形態：

---

[15] 參考Kotler.P.&Keller Kevin Lane，〈Marketing Management〉，梅清豪譯，《行銷管理》，第501頁，上海人民出版社2007年6月第3次印刷，第533頁。

1.零級管道（zero-level channel）

藝術家直接將作品賣給藏家。對中國藝術市場，這種形態並不陌生。早期北京的798藝術區，現在遍及各地的藝術家工作室，都是屬於這種形態。藝術家在個人工作室創作，買家找上門來挑畫、購買，沒有中間管道，沒有真偽問題，價格是第一手。但這種方式並非沒有缺點，藝術家集創作、宣傳、展覽、銷售、甚至拍賣為一身，在有限的個人時間時間下，以及面對市場分工越來越細與越加專業的趨勢下，相當勞心勞力。何況除了已經成名的藝術家，否則要讓買家自動上門，也越來越困難。

2.一級管道（one-level channel）

買家與賣家中間，隔個畫廊或藝術經紀人等中間商，這些中間商就成為一級管道。

3.二級管道（two-level channel）

劇團透過劇場，劇場再透過售票商才達到觀眾，中間經過兩道環節來達成交易。

國外藝術品拍賣場一般也屬於二級管道，拍賣品來源很少直接來自藝術家，一般是代理畫廊或藏家的再銷售行為，如此畫廊為一級管道，拍賣會就成為二級管道。

4.三級管道（three-level channel）

對一些全國或國際巡迴演出團體，就必須要有更多的中間管道來協助。以銷售來說，負責整體銷售的單位，需要在各地再尋求分銷商，再由各地分銷商負責該區域的銷售業務，這時演出團體的經紀人為一級管道商，全國銷售代理商為二級管道商，而地方承包商就成三級管道商。

一般管道經過的中間環節越多，成本越高，與末端消費者的訊息溝通越加不易，當然掌控起來也就更加困難。

圖14：藝術市場營銷管道圖

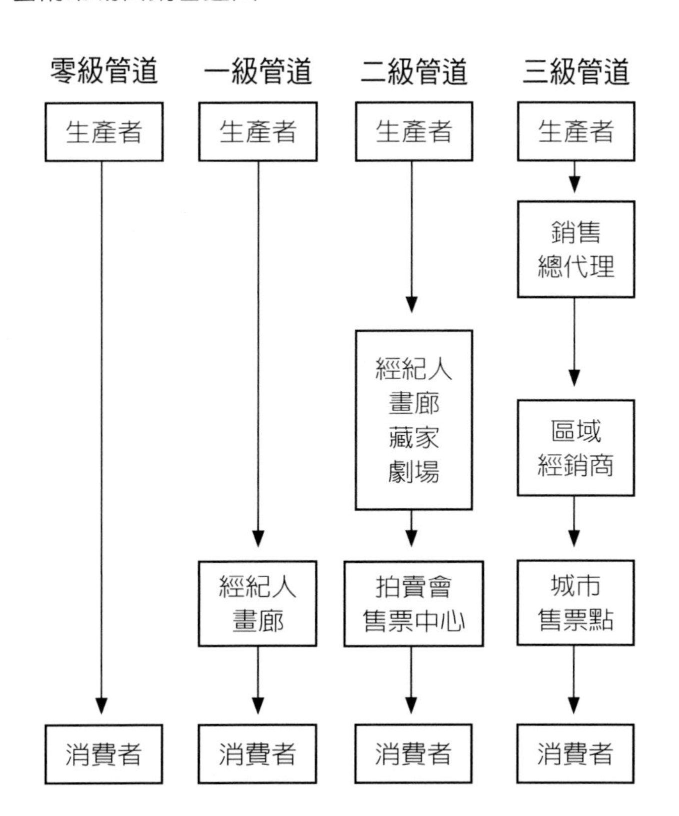

五、管道的權利與義務[16]

藝術家與畫廊的代理關係也好，演出團體與經銷商的代銷關係也罷，都應該真誠相待，要有共榮共長的雙贏心態，讓一方能夠安心創作，另一方則可以全力業務推廣。這其間涉及雙方權利義務主要的部分有：

1.價格水準

藝術家要有與中間管道一起維持價格穩定的共識與勇氣；特別是與多家中間商合作時，應該明確每一級管道的合理利潤。以畫家而言，如果與多個畫廊之間有合作，要能公平的處理供給價格問題，雖說每件藝術品有其獨特性，但各地畫廊的價格也一定要保持默契，避免造成互相砍價的情況，破壞整體行情。

2.地區權利

如果找不到仲介機構有實力處理全國性的銷售任務，最常用的辦法就是在各地找配合的仲介團體。藝術家同時在各個城市有合作的中間商，有時為避免惡性競爭，一般在同一個區域授權一家合作，明定彼此的合作條款，如此一來，雙方的權利義務關係就能更加緊密與確保。

3.合作內容：

藝術品市場有賴於中間商的主動經營，對藝術家的介紹、定期展覽、媒體刊登、藏家的推薦……有賴於長期持續的經營，因此藝術家的仲介機構，往往不止於單純的買賣行為，還得事先溝通好藝術家與仲介者應該負責的權利與義務有哪些。

---

16 參考Kotler.P.&Keller Kevin Lane〈Marketing Management〉梅清豪譯《行銷管理》第501頁上海人民出版社2007年6月第3次印刷，第539頁。

【行業報導】畫廊的中間商角色

藝術家對經紀人的客觀需求促使畫廊經紀人角色的形成；畫廊也憑藉其敏銳的市場嗅覺等優越條件，使得藝術家逐漸從自我推銷、自我炒作中解脫出來，全身心投入藝術創作。

所謂藝術經紀人，是指促進藝術品買賣雙方成交，以收取傭金為目的，從事居間、行紀或者代理等經紀業務的個人、法人和其他經濟組織。藝術市場是由畫廊、拍賣行和藝術博覽會組成的，畫廊作為藝術品的一級市場，肩負著藝術品市場初級發行的任務，起著推薦藝術品，推出藝術家，批評、扶植、培養、催熟藝術家，以及藝術品的保真和價值提升的作用。

因此畫廊是藝術品市場中最重要的環節，是從事藝術品經紀代理的企業，它充當的是促進從藝術品的生產到消費循環互動的媒介角色，其藝術經紀人的職能能否順利實現，將直接影響到藝術品市場的發展。首先，畫廊能使畫家更專心於自己的創作。

在資訊爆炸的今天，藝術家在擁有高超的繪畫技巧的同時，也需要畫廊的市場運作才能聲名鵲起。例如哈莫畫廊對陳逸飛進行代理，為他舉辦了六次個人畫展，並在流通領域進行一系列推廣，使陳逸飛在1985年後的12年中共售出了500多幅畫。他的《潯陽遺韻》於1991年在香港以135.5萬港元的價格拍出，從1991年至1998年，他的33幅作品的拍賣總額為4000餘萬元人民幣。可以毫不誇張地說，如果沒有哈莫畫廊的力捧，可能就沒有脫穎而出的陳逸飛。（2007年）[17]

[17] 節錄自羅小東，《略論畫廊的藝術經紀人職能》，見《收藏界》2007年第3期

第四節　促銷（Promotion）

促銷推廣的手段在行銷組合中，能見度最高，對藝術市場效果的影響也最為明顯。好的推廣宣傳手法，讓演出更加叫好叫座。如何在有限的時間內，吸引消費者的注意，並立即行動進行購買，一直是藝術行銷莫大的挑戰。

一、推廣宣傳手法

推廣宣傳的方式，一般可以歸納一下幾種：

1.廣告

不管是雜誌刊登、報紙廣告、電台播放還是電視報導，廣告，指的是以是付費性的媒體宣傳，來達到告知消費者，並進而說服其消費。

介紹兩種廣告上常用的宣傳理論如下：

(1)AIDA（消費者反應模式分析）

由美國廣告大師斯特朗（E.K.Strong）所提出，主要是四個英文字首的組合而來，即：

- Attention：引起注意。如何吸引消費者的目光是廣告宣傳的第一步。不管是利用怪異、神秘、美感或是懸疑的手法，能夠有效「吸睛」，吸引買家的注意力，就算是跨出成功的第一步。
- Interest：勾起興趣。光是引起注意還不夠，在目光短暫的停駐之後，必須勾起消費者的興趣，進而想一探究竟；如同畫家的繪畫主題，一開始吸引了藏家的注意，但光這樣還不夠，還必須讓他能有興趣進一步瞭解作品的意涵，甚至瞭解畫家創作的意圖。

- Desire：帶動慾望。接下來就必須激發消費者擁有作品的慾望，不管出於何種理由，審美的意義也好，增值的期望也罷，讓消費者具有強烈要購買的慾望。
- Action：落實行動。心動要轉化成購買的行動，由於藝術品有其獨特的屬性，如同原創繪畫的單一性，演出團體的不可重複性，都是促成銷售的有力因素。現在不買，可能買不到，現在不看，得再等一年。

(2)USP（Unique Selling Point，獨特性的銷售賣點）

由另一位美國廣告大師羅瑟（Rosser Reeves）所提出。主要的論點是：

- 商品在市場上，必須提出其獨到之處
- 這種獨特性又必須能滿足顧客的需求
- 所有的宣傳推廣應簡單徹底地傳遞此一獨特性。[18]

雖然說，藝術本身有很強的獨特性，各個門類的藝術作品要同時具備獨創性的風格，又要符合消費者的胃口，卻不是一件容易的事。只有找到「對」的消費族群，使用「對」的宣傳訴求，找到「對」的媒體廣告，才能達到有效的宣傳推廣目的。

---

[18] 資料參考Liz Hill&Catherine O'Sullivan&Terry O'Sullivan，〈Creative Arts Marketing〉，林傑盈譯，《如何開發藝術市場》第279頁、第280頁，五觀藝術管理有限公司出版2006年二版

中國藝術媒體有其獨特發展的軌跡，早期只要能獲得媒體的報導，如同獲得一項難得的殊榮。進入市場經濟之後，媒體環境發生很大的轉變，在講求營運績效之下，如同其他商品廣告的運作，只要付費，就可以獲得報導。因此，有效地應用當代媒體廣告理論，就益發重要。

【行業報導】中國的藝術媒體

首先我們要承認，近20年來中國當代藝術的發展，藝術媒體起到了很大的作用，不說那些改革開放以來復刊和創刊的藝術雜誌，如《中國美術報》（已停）、《美術思潮》（已停）、《江蘇畫刊》、《美術譯叢》（已停）、《世界美術》、《美術研究》、《新美術》、《美術觀察》、《藝術世界》、《美術文獻》等，就是近10年來先後創刊的許多藝術雜誌如《藝術當代》、《當代美術家》、《東方藝術》、《當代藝術新聞》等，也為中國當代藝術的發展，做出了重要的貢獻。近年來，由於中國經濟的迅速發展，藝術市場的爆發式發展與文化政策的寬鬆，各種新的藝術報刊與藝術網站如雨後春筍，不斷湧現，令人目接不暇。

近年來的一些新興媒體不僅在准入門檻上標準降低，難以尋到80年代那樣有影響力的著名評論家、藝術史家擔任主編或執編（如何溶、邵大箴、高名潞與《美術》，彭德與《美術思潮》，劉驍純、栗憲庭與《中國美術報》，楊小彥、黃專與《畫廊》，李路明與湖南《畫家》，陳孝信、顧丞峰與《江蘇畫刊》，范景中與《美術譯叢》，易英與《世界美術》，馮博一、皮力、吳鴻與美術同盟網站），而且由於競爭激烈，有時在倉促之間就確定了主編人選。這使得藝術媒體對於主編的依賴性陷入了一個前景不明的境地。一個刊物往往因為一個人、一個編輯、一個主編而興旺，有時候又因為一個人的離去或者是一個人的更換發生巨大的變化。今天有一些雜誌可以稱之為個人雜誌，兩三個人就可以辦一個雜誌，有些雜誌所有的事情都是一個人包辦，在某個公寓租一間房，只要帶一個相機、一個錄音筆，到畫家的家裡和工作室，到798、宋莊等藝術家聚集區，拍一些藝術家的工作照，做個訪談，整理一下錄音，登一些展覽新聞圖片就OK了。這種雜誌的個人化，編輯聘用的高度流動性也是一個很突出的現象。（2009年）[19]

2.公共關係

廣告必須花錢，而且往往所費不貲，對藝術團體而言，良好的公共關係，所獲得的報導與評論，如同是免費的廣告。

另外與藝術機構相關人員與單位建立的「口碑」也十分重要。除了最終消費族群之外，包括藝術團體內部的員工、藝術評論家、藝術界、配套機構甚至是潛在的客戶的觀感，是相當廣泛的一種人際關係網的宣傳。東方國家是個講求人情味的國度，中國人特別看重良好的人際關係。有了這些關係與交情，可以廣泛性地建立人脈，透過良好的關係網，讓宣傳更加事半功倍。

[19] 節錄自殷雙喜，《藝術媒體如何平衡商業和學術的關係》，見《中國文化報美術週刊》2009年5月14日

3.銷售促進

銷售促進是對消費者具有壓迫性的一種行銷手段。時常扮演臨門一腳的關鍵性角色，每當消費者面臨購買決策猶豫不決時，有效的促銷手段往往能夠促成最後交易。

常用促銷的工具有：

(1)折價券／優惠券

現在買最有利，此時買最優惠，時間性強的各種優惠券，促使消費者在期限內趕快購買，主要的誘因不外是：讓消費者能在特定的演出或者活動上，因為優惠措施而加速購買決定。

(2)競賽

利用簡單的一些常識問答或者遊戲，讓獲獎者可獲得入場券或贈品。一般藝術演出的欣賞很少是獨自性行動，一張免費券，少則帶來一個情侶，多者引來一個家族；甚至競賽落選者也會成為潛在客戶，不見得不願意自行購票進場。

(3)禮品

試聽帶或者花架盤等，讓消費者在表演前能欣賞一些片斷；也可以對購買者額外贈送一些小禮品或者配套服務，比如說：買畫附帶贈送裱框服務。

(4)預先購買

在演出前的一段時期，提供特別優惠訂票活動；此舉如果奏效，往往有利於在前期，獲得一定的票房保證。

4.直效行銷（direct marketing）

直效行銷與其說是一種促銷的手段，不如說是一種行銷的概念與精神。不管使用任何的促銷方式，直銷行銷通常要求消費者必須立即作出回應。一般採取的方法有：直接郵遞、電話銷售、電子郵件……等等。為了確保直效行銷能夠有效的執行，通常行銷設計上必須具備有以下的特徵：

(1)明確性

銷售的對象必須非常明確，比如郵寄要有目標對象名單，打電話要能掌握受話者的基本特徵，如此才能精準的滿足對方的需求。

(2)立即性

時效性的要求對直效行銷很重要，通常會鼓勵消費者馬上採取行動。

(3)互動性

特別是電話銷售，立即能解答客戶的疑惑，目前網路也可以使用「即時通」的方式，利用線上網路電話，安排專人即時回答客戶的來電洽詢。

二、推廣預算提列的幾種方法

當藝術進入商品市場，廣告推廣已經不可避免，那麼究竟應該花多少錢在推廣上呢？廣告的預算提列，應該參照什麼標準呢？一般有以下幾種：[20]

1.銷售百分比

按照銷售來提取一定比例是經常使用的方式。參考銷售總額的金額，提取5-10%來作為推廣費用，或者以不低於某個數額作為年度最低文宣費用。以藝術家與畫廊簽約為例，除了每年保證有多少件作品的銷售之外，也會明定從中提列一定比例作為宣傳推廣費用。

2.競爭對象參照

有時難以決定提撥廣告預算的比例時，不妨參考行業習慣，或者競爭對手的預算金額來提列。

3.目標任務法

這是行銷學上最鼓勵的一種方式，先明確任務目標，再編列預算；先明確預定要做哪些事，然後才決定花多少錢。以推介一位畫家而言，如果決定要在美術館舉辦大型個人展覽或者出版豪華畫冊，就必須額外協商編列年度預算。

---

[20] 資料參考Liz Hill&Catherine O'Sullivan&Terry O'Sullivan，〈Creative Arts Marketing〉，林傑盈譯《如何開發藝術市場》第275頁、第280頁，五觀藝術管理有限公司出版，2006年二版

【網路調查】

問題：你會對網路的抽獎活動心動嗎？

調查結果：

1.會：	56人	占37.84%
2.不會：	57人	占38.51%
3.另有話說：	35人	占23.65%

點閱數：592次

參加調查人數：148人

調查日期：2009年7月3日（7天）

網站：地圖日記http://www.atlaspost.com/landmark-1543243.htm

第五節　行銷規劃流程

藝術家或藝術團體進入商品化的市場經濟後，面對商業浪潮的競爭，一方面要保持自由創作的心境，另一方面又不能無視於藝術接受者的反應。但是大部分的藝術供給方不像企業組織，有專門的部門，雄厚的資金，特定的人員來負責市場的行銷。

藝術供給方，一般規模不大，除了單打獨鬥的藝術創作者之外，少則幾個人，多則上百人的舞團、劇團，縱使以盈利為導向的一些仲介機構，如畫廊、拍賣公司或稍具規模的美術館、音樂廳，也很少有所謂市場行銷部門的編制。

因此，談藝術行銷，不能無視於現實環境的狀況，所謂藝術行銷規劃，便成為當代藝術家或藝術團體領導層必須具備的市場常識與觀念。

藝術家應該清楚自我奮鬥的目標，藝術團體更必須明確組織成立的宗旨；一次展覽、一場演出，如何在符合藝術家的生涯規劃及組織目標下，順應環境趨勢、掌握市場脈動，善用資源，讓活動既叫好又叫座，有賴於事先擬定有效的行銷企劃。

圖15：行銷規劃流程

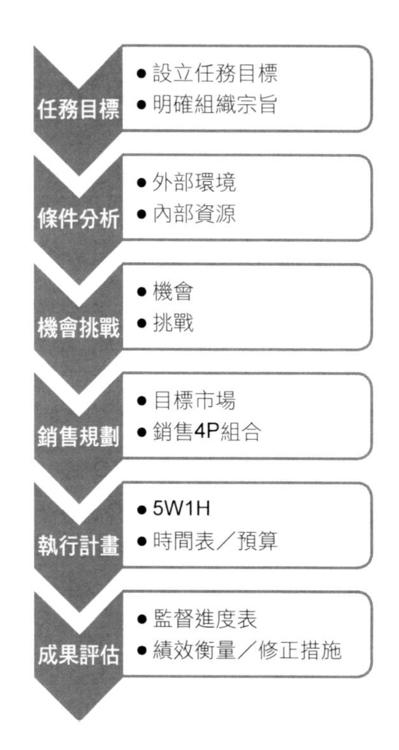

一、確立任務目標

列出行銷計畫的目標，目標可以是專案式的一次演出，也可以是項長期的組織設立宗旨或個人藝術生涯規劃。

設立目標應注意以下的準則：

1.求簡潔

盡可能用簡單明白的文字來陳述。

2.好記憶：

概念清楚，容易表達，方便記憶

3.有方向

為即將要做的事情，有個明確的方針。

4.有遠景

目標可以讓人振奮，有熱情，鼓舞人。

二、分析內外資源

1.外部評估

對於經濟的榮枯趨向，人口的結構改變，科技的創新發展，這類外在大環境的變化，一般會對一些長期性的目標影響較大。至於短期的任務而言，則應掌握當前休閒的熱點，科技的動態，藝術政策等等，及時予以因應。

2.內部稽核

(1)組織現況

對藝術家而言，必須考慮的是行業資源的整合，特別是相關的配套單位。至於藝術組織，應評估雇員狀況、可運用的義工及廣告媒體等協助廠商及支援單位。

(2)財務支持

有多少資金可以運用，除了預期的收入與自籌款以外，是否有補助款，能否爭取其他的捐獻或政府津貼。

(3)硬體資源

是否得租用展覽或表演的場地、需要動用哪些設備或器材。

三、尋求機會與挑戰

綜合內外資源的分析，找出機會點與問題點，欣然面對挑戰。

在市場資源的匯總分析方法上，運用SWOT分析，有助於在繁雜的市場狀態中，理清狀況；四個英文字母代表不同的四個概念：

- 優勢（strengths）
- 劣勢（weaknesses）
- 機會（opportunities）
- 威脅（threats）

其中優勢與劣勢（SW）偏重於內部資源的審視，而機會與威脅（OT）著重於外在環境的評估。

在市場概念中，所謂機會（Opportunity）指的是，具有高度的銷售潛力而且成功的機率相當高。至於「威脅」（Threat），指的是市場環境中，有不利的趨勢或者特殊的干擾，即將會對銷售造成影響，而且發生的機率相當地高，無法漠視。[21]

對藝術家而言，他的優勢，比方說：來自著名的美術院校畢業，有完整的藝術專業訓練，參加過國內外的大展，有完整的學經歷。他的劣勢可能是：作品很少在市面流通、缺乏市場的價格紀錄、沒有拍賣會或者畫廊的成交行情可供參考、藏家們對這位藝術家還很陌生。

2007年中國藝術市場空前的蓬勃發展，中國當代藝術家表現亮眼，當時經濟快速成長，社會穩定富裕，對藝術家而言，市場充滿機會。但與此同時，由於藝術品市場空前繁榮，拍賣行屢次創天價，市場泡沫化的呼聲愈來愈大，對市場也形成一種潛在的威脅。

因此在綜合內外資源與環境的評估之後，找出具有潛力的機會，避開可能的威脅，揚長避短，進一步有效擬定適當的行銷計畫。將這四個因素可以轉換成一些的圖示，在不同的座標內，研擬策略的態度也會有所不同，說明如下：

[21] 參考Kotler Philip，〈Marketing Management〉，高熊飛譯，《行銷管理——分析、規劃與控制》第132頁，臺灣華泰書局1980年11月初版第4版印刷

圖16：SWOT分析

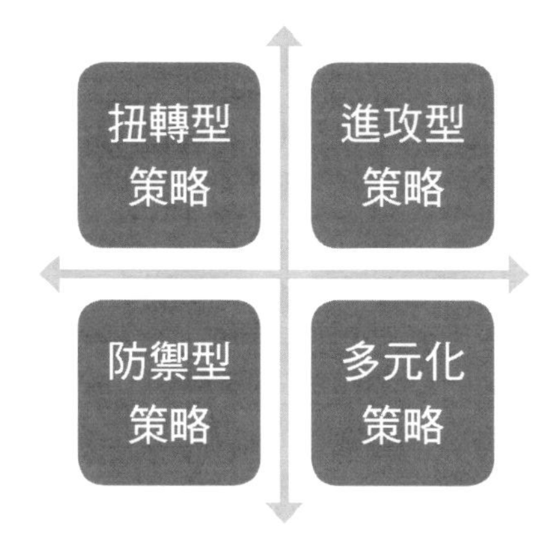

1.扭轉性策略

面對市場充滿機會，而自身條件處於劣勢之下，應積極的採取有效的措施，扭轉局勢。對於一個自學的畫家而言，沒有顯赫的學經歷可能是弱項，但如何克服這個問題，有些人會積極參加國內外大展來尋求肯定，甚至爭取優良的仲介機構代理經營，都有機會扭轉劣勢。

2.進攻型策略

面對市場一片榮景，自身條件很好的藝術家，此時假使能夠把握機會，積極任事有所作為，就有可能扶搖直上，在藝術市場表現亮麗。舉例來說，這幾年中青代的藝術家就充滿這種機會，他們往往出身名門，甚至都在美院長期任教，藝術的學經歷豐富，個人風格明顯，學術地位已受肯定，如果能夠採取進攻型的策略，很容易在藝術市場有所斬獲。

3.多元化策略

市場不會持續無止境的繁榮，總會有高低起伏，面對市場的回檔或者藝術收藏趨緩的變化，如何因應有賴於多元化的操作策略。觀看目前表現不俗的藝術家們，往往會嘗試不同領域的創作，雖然以繪畫成名，但開始會製作版畫，嘗試雕塑，甚至會跨行業的合作，與服裝、電影、精品業者配合。

4.防禦型策略

藝術市場的榮枯與經濟成長息息相關，當市場回軟時，如果藝術家自身條件又不足的情況下，不妨採取保守一點的作為，多學習、多創作，累積能量。這種防禦型策略不是不作為，而是轉攻為守，多參加一些學術研習，多參與一些專業性的展覽，多潛心創作，蓄勢待發。

四、目標市場的選擇

劇作家在創作一部戲劇時，總希望雅俗共賞，老少咸宜，既叫好又叫座。但這種期望越來越不現實，因為世界變化快，個體的差異性越來越高，同樣的主題，越來越難引起全體大眾的同鳴。

行銷的市場區隔，就是企圖讓藝術創作找到「對的族群」來欣賞，找出同質性高的團體，以他們的語言，滿足他們的偏好。

1.市場區隔[22]

這種按消費者特徵來將市場進行區隔，找出目標群體共同的特徵、偏好或消費行為。市場區隔必須要注意以下幾點：

- **可衡量：**目標市場最好能夠數位化。
- **規模夠：**目標客群的數量足以支撐預期的銷售目標。
- **可實現：**設定的目標客群是可以被統計、可接觸的。
- **有差異：**客群差異化是為了有效行銷，差異本身不是目的。
- **易執行：**設定的目標客群能夠方便觸及，易於執行行銷方案。

2.確定目標市場

將市場區隔之後，可以選擇單一目標市場或多目標市場來進行行銷活動：

(1)單一市場集中行銷

有些藝術活動背負特別的使命，比如針對特殊的族群，如殘疾人、原住民、少數民族、年輕族群，目標明確，單一群體的同質性高，可以傳遞明確的資訊，引起關注。

(2)多市場區隔行銷

一般而言，都會採取多市場的區隔行銷方式，來擴大目標客群，但是相對要發出的多元化的宣傳訊息，在操作執行方面難度會提高。如何有效的傳達到受眾群體，而避免因為不同目標群引發的資訊混雜就很重要。

---

[22] 參考Kotler P.&Keller Kevin Lane，〈Marketing Management〉，梅清豪譯，《行銷管理》，第288頁，上海人民出版社2007年6月第3次印刷

【行業報導】凱迪拉克在中國的藝術行銷

從品牌層面考慮，中國的汽車文化或者說汽車品牌文化被消費者認知也才不出10年的時間。各個品牌代表哪些文化、代表哪些階層、有著怎樣的定位恐怕至今都不能說為大眾熟知。而藝術行銷首先要考慮的便是藝術層次、風格與品牌內涵的對接。

而這次凱迪拉克所觸及的裝置藝術更屬於是眾多藝術形式中較為前沿的。它興起於1970年代的西方當代藝術類型。裝置藝術混合了各種媒材，在某個特定的環境中創造發自內心深處的、概念性的經驗。簡單地講，裝置藝術就是「場地＋材料＋情感」的綜合展示藝術。

這個由凱雷德和黃色氣球以及鋼筋支架組成的裝置藝術品——「德國焦慮」。初看這個作品的觀眾沒準會以為這是為了表現車輛的安全性或者以誇張的手法演示凱迪拉克的安全氣囊，再或者是把這個作品當作展廳裡的一個未完成展品。而實際上，這一作品著力表現了當代都市人的壓抑，人們對高壓的恐懼，以及不穩定的焦慮情緒。

一方面，裝置藝術的前沿性和凱迪拉克所宣導的現代主義豪華相吻合；另一方面，作品所反映的試圖衝破焦慮的思考和凱迪拉克凱雷德的突破自我追求無限的精神相契合。

再一方面，作品展示於上海當代藝術館也算是找對了行銷受眾，畢竟能夠欣賞當代藝術的消費者，也更有可能欣賞「德國焦慮」這一作品以及作品中的凱雷德的現代主義藝術氣質。（2008年）[23]

[23] 節錄自《凱迪拉克藝術行銷會否曲高和寡？》，見《越野e族》2008年6月18日

五、擬定行銷計畫

行銷的4P組合：針對目標市場消費群的同質性需求，有效組合行銷的4P。在擬定策略時，一般會考慮所謂的「利基策略」（niche strategy），即有效的評估產品、價格、管道與促銷的組合，展現獨一無二的特質來；通常還會結合「差異化策略」的應用，擊中火力，滿足目標消費群的欲求。

如果以一場展覽的策劃來說，亦即在大環境的背景因素下，考慮主要的受眾團體，進而擬定以下相關議題：

1.關於產品定位

應該推出什麼樣的展覽、以什麼樣主題？什麼形式的作品？是否有周邊產品？

2.關於價格考量

展覽要獲得哪些實益？是否要收門票？展品是否要銷售？如何定價？

3.關於場所規劃

在哪裡展覽？需不需要後續的巡展？需要多大的展場？費用如何？展出的配套條件如何？

4.如何推廣計畫

多少預算？廣告的方案？如何宣傳？要使用那些媒體？新聞稿的製作？

六、執行計畫

目標明確，策略規劃清楚，接下來有賴於踏實的執行力，並且在執行計畫的過程中，及時地排除不利因素，完成任務。

1.擬定執行方案

執行方案，應掌握5W1H法的要領：

- What：做什麼？
- Who：誰來做？
- Where：在哪裡做？
- When：何時做？
- Why：為何要做？
- How：怎麼做？

在擬訂的目標下，將工作內容（What）明確，然後將人員清楚分工，明白地指定由誰（Who）執行？在那裡（Where）執行？執行的理由（Why）是什麼？何時開始做？何時要完成（When）？如何執行（How）？並編列相關預算。

2.排除不利執行因素

- **力求可行：**注意行銷計畫的完整性及可行性，避免好高騖遠，制訂不切實際的計畫，在有限的人力物力及時間下，考慮確實可以達成。
- **克服困難：**克服因為組織資源不足，造成無法執行。

- **充分溝通：**在執行的過程中，應該充分溝通，並隨時掌握進度，不要因為機構的惰性，抗拒改變而終止計畫。
- **及時修正：**在執行的過程中，針對目標，比對目前工作的進度與執行的成效，發現偏差，及時修正。

七、成果評估

最後是執行結果的評估，如果能按原定計劃順利執行，值得慶賀，繼續累積成功的經驗。萬一最後計畫不盡人意，無法達成，也應勇於檢討，面對失敗原因，做為下次改善的參考。

檢討計畫無法達成原定目標的幾個原因，常見的有以下幾種：

- **目標有誤：**計劃的目標標準太高、野心太大，空中樓閣，導致無法執行。
- **突發狀況：**天災人禍，屬於不可抗力因素，計畫趕不上客觀環境的變化。
- **策略錯誤：**錯估了目標群體的規模或欲求，導致收入不如預期，或者是沒有真正吸引到主力客戶群。
- **執行不力：**目標很好，計畫很棒，就是執行不力，或許是來自人員的素質不夠，也有可能協力的配套單位能力不足，比如訂票系統出狀況，送票服務不及時。
- **預算不足：**事先的預算編列草率，導致執行過程中不斷地變更刪減，最後影響執行的成效。

【行業報導】《進行時》女性藝術邀請展

一家國內知名的女性服裝公司，所投資設立在北京臨近798藝術區的一處藝術館即將開幕，計畫舉辦一場展覽作為開幕活動。

初步策展設想如下：

一、目標

為新設立的藝術館，成功開幕館慶，舉辦一場首展活動，並希望能夠為企業形象因藝術而更加提升。

1.專業定位：樹立藝術館的專業形象

2.客群對象：喜愛藝術的客群，為藝術館吸引首批參觀人潮

3.品牌加值：以女性藝術與企業形象呼應，為企業品牌印象加分

二、環境分析

1.外部環境：

- 08年北京奧運即將舉辦
- 經濟成長放緩，金融海嘯暗潮洶湧

2.內部資源：

- 藝術館剛剛籌建，人員尚未到位
- 藝術館建設中，裝潢尚未完成

三、機會與挑戰

1.機會點：

- 奧運前夕，政策扶持798區域整建，全區活動興盛繁榮，參觀人潮多
- 新的展館，有裝潢隊伍，便於硬體的施工

2.問題點：

- 預算有限，資金並不寬裕
- 時間緊迫：從籌備到開展，時間不到一個月
- 人員不足，只能由主辦單位從其公司借調、兼任

四、策展計畫

在有限的人力物力之下，掌握以下重點：

- 女性品牌：主要的贊助方是女性服裝品牌
- 開館活動：配合藝術館落成的開幕首展
- 展覽定位：策劃以當代女性為主題的藝術邀請展；一者有益於提升女性企業形象，再者透過專業化的大型邀請展，也有助於樹立新設立藝術館的專業定位

《進行時》女性藝術展企劃書要點

壹、展覽名稱：《進行時》女性藝術邀請展

貳、展覽宗旨：（略）

參、具體事項：

1.主辦單位：（出資方）
2.協辦單位：（協辦的媒體單位）
3.展覽策劃：（策展人）
4.藝術主持：評論家或策展人
5.藝術批評：評論家及美術編輯
6.展覽地點：藝術館
7.展覽時間：2008年7月7日
8.邀展畫家：30位中國當代相當具有代表性的女藝術家。
9.展覽畫冊：力求以美術史觀點，成為中國女性藝術重要的一本文獻。

肆、預算估算

五、計畫執行控管

一般展覽的執行可以分為四個階段，各有其工作要點：

1.展覽前的籌備：

- 展覽計畫的擬定
- 展覽進度的控制
- 展覽預算的控制

2.展覽開幕當天：

- 開幕典禮
- 學術研討會
- 開幕酒會
- 媒體接待

3.展覽期間：

- 來賓的導覽與人數統計
- 作品的講解與安全維護

4.閉幕整理工作：

- 作品的包裝與運送
- 撰寫展覽記錄

六、成果評估

- 展覽經由開幕之前的策劃與執行，從展覽當天的來賓出席狀況及研討會情況，可以評估開幕活動是否成功。
- 經由媒體的報導，在展覽期間的來客統計，可以檢視本次展覽的成效；而進一部匯總各種媒體的報導數量與內容評價，更能具體反映對本次展覽活動形象的促進與計畫達成的宣傳效應。
- 本次展覽並不涉及銷售事宜，但如果是未來具有商業性質的展覽，可以經由現場的展售，進一步統計作品的成交情況，來評估展覽的經濟效益。

本次展覽，效果顯著，每天參觀人潮不斷，媒體大量的報導，由於精準的市場定位及策展計畫，為這座新的女性品牌藝術中心，舉辦了一場成功的開館活動。

表17：《進行時》女性藝術邀請展　計畫控管表

項次	大項	細目	說明	完成日期	負責人	備註
一	畫冊	1.藝術館介紹	圖片與文字6頁			
		2.畫冊存放	存放地點安排			
二	設施	1.展台製作	40*45*125*2張			
		2.畫廊雜項	掛鉤、吊繩、畫框掛鉤			
		3.燈光	可轉的投射燈具			
		4.隔板	按本次展覽要求隔間			
三	印刷品	1.展訊 2.請柬	2000份 500份			
		3.邀請名單	畫家、評論家、媒體、貴賓、其他			
		4.郵寄				
	禮品	禮品準備	1.內容 2.領取辦法 3.負責人員			數量估算
	酒會安排	形式內容	1.人員估算 2.餐飲內容決定			
	剪綵安排	準備物品	1.剪綵人員名單 2.剪綵人員邀請 3.彩帶、剪刀、盤子、簽到簿、筆			
四	宣傳	1.媒體 2.引導標誌 3.海報	1.美術、時尚 2.路標 3.張貼地點			

項次	大項	細目	說明	完成日期	負責人	備註
五	布展	1.展前會議 2.收件	1.人員培訓 2.檢查、入庫、簽收 3.催件			展覽說明會 入庫管理
		3.佈置	人員分派			木工／電工／掛畫人員
	開幕	1.研討會	1.70個座位的場地 2.茶點準備 3.研討會攝影、錄音 4.餐飲考量 5.接待人員 6.車馬費發放 7.媒體接待			1：30-4：30
		2.開館剪綵	1.主持人 2.剪綵人員名單 3.彩帶、剪刀、盤子、簽到簿、筆、鞭炮、音響 4.禮儀小姐			
		3.開幕酒會	1.餐點安排 2.儀式 3.音樂 4.接待人員			人數估算 估計8點前結束
		4.禮品發放	1.憑請柬領取 2.發放人員			
	會後	1.會後場地整理人員 2.值班人員				保安

項次	大項	細目	說明	完成日期	負責人	備註
六	展覽	1.接待人員 2.保全人員 3.媒體接待	展覽時間： （略）			現場安全 畫冊發放
七	撤展	1.撤展通知 2.撤展手續 3.外地運輸	1.提早通知 2.撤展人員 3.保險考量			出庫管理 外地發貨通知 及到貨跟蹤

第四章

網路時代的行銷

歷史的巨輪不斷地在創新中前進。

人類文明的發展，隨著科技的發明，總會帶來驚天動地的改變。第一次工業革命發生在18世紀六〇年間，當英國第一部蒸汽機開始冒煙，開創了以機器代替手工的時代。第二次工業革命發生在19世紀六、七〇年間，當德國西門子製成發電機，將電力用於帶動機器成為新能源，世界就此跨入了電氣時代。

隔了一百年，到了二十世紀，在1969年美國的ARPANET網（Advanced Research Projects Agency Network）開始啟用起，人類便邁向了網路時代。

網路時代讓天涯若比鄰，只要連接上網，可以「秀才不出門，能知天下事」。網路正快速地在改變這個世界，提供了另一個全新的虛擬空間。在這個無遠弗屆的網路天地裡，新的行銷觀念、新的獲利模式、新的交易行為，不斷地被創造、被發明出來。

第一節　認識網站

一、何謂「網路」（Internet）

網路是一個集通信技術、資訊技術、電腦技術為一體的網路系統，將散居世界各地的電腦、區域網、廣域網路按預定的通信協定連接組成的國際電腦網路。

網路也稱之為網際網路，是全球最大的電腦網路，使用者可經由電腦的運作，進入全世界的資料庫或與其他網路使用者聯繫往來。[1]

個別電腦如何連接上網呢？主要是透過網路服務商（ISP）來連接上網，簡單圖示如下：[2]

圖18：典型的網路圖示

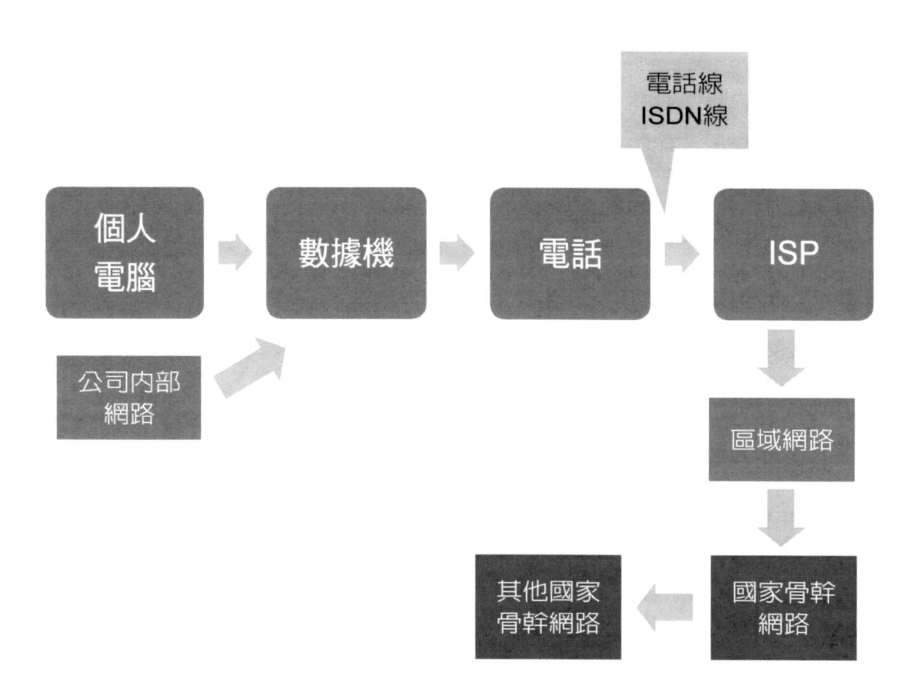

[1] PROE. Dr.Werner Heinrichs & PROE. Dr.Armin Klein〈Kulturmanagement von A-Z〉吳佳真。于禮本譯《文化管理A-Z》第190頁，五觀藝術管理有限公司2004年11月

[2] 張文慧著《如何利用INTERNET行銷》第1-2頁，聯經出版事業公司，1998年11月出版

1.網際網路發展大事記[3]

- **1969年網路形成：**美國國防部（Department of Defense, DOD）的ARPA部門（Advanced Research Projects Agency）為了整合各種網路資源而發展的。
- **1971年電子郵件email被發明了：**一般民眾開始能透過網路用電子郵件進行交流。
- **1982年TCP/IP開始成為網路通訊模式：**網路傳輸控制協定（TCP）和網際協定（IP），一般被簡稱為TCP/IP協定，成為未來網路通訊的主要模式。
- **1995年商業介入網路：**美國政府在1995年放寬了非官方單位使用網路的限制，一般公司行號開始在網上提供服務。

2.中國網路發展大事記

- 1987年，北京大學的錢天白教授向德國發出第一封的email，中國當時還未加入網路。
- 1994年，中國獲准加入網路。
- 1995年，中國第一家網路服務供應商「瀛海威」成立，一般百姓開始進入網路。

3.網路的發展現況

- **世界最大網友規模：**在2008這一年開始，中國開始擁有世界最大的網友規模。據中國網路路資訊中心（CNNIC）在北京發佈了《第23

---

[3] 資料參考屈雲波、靳麗敏、劉筆劍編著《網路行銷》第11-19頁，企業管理出版社，2007年3月第1次印刷。

次中國網路路發展狀況統計報告》的報告顯示，截至2008年底，中國網友數達到2.98億，開始超越美國，居世界排名第一。

- **網路普及率超越全球平均水準：**《第34次中國互聯網路發展狀況統計報告》指出：截至2014年6月，中國網友規模達6.32億，網路普及率為 46.9%，較這對中國人口眾多，基數龐大，能有此表現相當難得。
- **手機上網爆炸性成長：**截至2014年6月，中國手機網友規模達5.27億，手機作為第一大上網終端設備的地位更加鞏固。網友在手機電子商務類、休閒娛樂類、資訊獲取類、交通溝流類等應用的使用率都在快速增長，移動網路帶動整體網路各類應用發展。
- **城鄉差距、東西部差距逐步縮小：**網路的普及度很大程度上取決於發展的均衡性。當前，智慧手機功能越來越強大，移動上網應用出現創新熱潮，手機價格不斷走低，對於龐大的流動人口和農村人口來說，使用手機接入網路是更為廉價和便捷的方式。
- **中國網路商業價值日漸成長：**商務類應用繼續保持較高的發展速度，其中網路購物以及相類似的團購尤為明顯。除了傳統的消費、娛樂以外，移動金融、移動醫療等新興領域移動應用多方向滿足用戶上網需求，推動網友生活的進一步「網路化」。

【行業報導】中國網路資訊中心（CNNIC）《第34次報告》

2014年7月21日，中國互聯網路資訊中心（CNNIC）在京發佈《第34次中國互聯網路發展狀況統計報告》（以下簡稱《報告》）。

《報告》顯示，截至2014年6月，中國線民規模達6.32億，網路普及率為46.9%。網路發展重心從「廣泛」向「深入」轉換，各項網路應用深刻改變線民生活。移動金融、移動醫療等新興領域的移動應用多方位滿足了用戶上網需求，推動線民生活邁向全面「網路化」。

【手機上網比例首超傳統PC上網比例　移動網路帶動整體網路發展】

截至2014年6月，中國手機線民規模達到5.27億。手機上網的線民比例為83.4%，首次超越80.9%的傳統PC上網比例，手機作為第一大上網終端設備的地位更加鞏固。線民在手機電子商務類、休閒娛樂類、資訊獲取類、交通溝流類等應用的使用率都在快速增長，移動網路帶動了整體網路各類應用發展。

【支付類應用看漲助推線下消費　手遊帶動網路遊戲使用率逆轉增長】

2014年上半年，支付應用在整體層面及手機端都成為增長最快的應用。相比2013年底，手機購物、手機團購和手機旅行預訂的使用者規模增長率分別達到了42.0%、25.5%和65.4%。

截至2014年6月，中國網路遊戲使用者規模達到3.68億，扭轉了一直下滑的趨勢。其中，手機網路遊戲使用率為47.8%，成為助推整體網路遊戲使用者增長的主要動力。

【網路理財使用者初具規模　網路金融服務創新潮湧】

網路理財產品推出僅一年時間，使用者規模達到6383萬，使用率達10.1%。網路的便捷性打通了資金鏈條，降低了理財產品管理及運營成本，使個人零散資金獲得更高收益回報。（2014）

二、網路的特性[4]

網路之所以會蓬勃發展，主要得力於以下幾種重要的特性：

1.全年無休

網路沒有時間的限制，一天24小時，全年無休假，只要連接上網隨時可以存取資料、閱讀資訊。

2.跨越空間

只要能夠與網路連線上線，就能在全世界的網路中自由馳騁，跨越原本地理或國界的障礙。

3.互動性高

網路迷人之處是可以雙向溝通，除了訪客留言板的設置之外，目前更增列「即時通」功能，安排專人線上服務，馬上可以進行網上的交談。

[4] 夏學理、鄭美華、陳曼玲、周一彤、方凱茹、陳亞平編著《藝術管理》第543-544頁，五南圖書出版股份有限公司2007年1月二版三刷

4.多媒體的整合

除了文字之外，結合圖片、動畫、影片、音樂，聲光俱佳，完全是多媒體的組合，形式多樣多彩，內容生動活潑。

5.匿名功能

虛擬的世界，滿足網友另一種潛在的慾望。由於在網路上時常是隱瞞身份在活動，因此讓個體更加自由，更勇於展示自我，暢所欲言。

【行業報導】網路時代來臨

網路時代的到來，意味著人類由讀寫時代進入視聽時代，表示著人類面臨一場新的革命，這場革命經歷著從人的感覺解放——感性革命——感性文化的變革——藝術的崛起的過程。

從一定意義上說，「數位化的虛擬使人類真正地擁有了兩個世界：一個是現實世界，一個是虛擬世界。」從而擁有了兩個產生感性文化的平台：一個是現實的直接感覺對象的自然平台，一個是虛擬的人、機互為對象的數位化平台。

這種新的感性平台一方面給人提供了在時間和空間上快捷（光速）、廣闊（全球化甚至無限空間）的感性介面，給予人發揮主體性和創造性的技術手段；另一方面，它通過新的感覺經驗和方式，通過資訊化和網路化具有了特殊的感性文化內容和藝術內容。它把人從直接感覺對象中解放出來，使表現感性認識的科學——美學得到提升。

這種現實世界與虛擬世界，自然平台與數位化平台的相互作用，使人的感覺方式和藝術表達方式發生了革命性的變革。這勢必導致藝術的革命。（2002年）[5]

第二節　網路的行銷環境

網路行銷（Netmarketing）的定義：網路行銷是整體行銷戰略的一個組成部分，是建立在網路基礎之上，借助於網路特性來實現一定行銷目標的一種行銷活動。

從定義中，可以理解以下幾個重點：

1. 網路行銷是整體行銷計畫的一個部分，必須要與其他策略相輔相成。
2. 網路行銷不僅僅是網上的銷售行為，它扮演者資訊的傳播、與消費者的互動等網路的基礎功能。
3. 網路行銷只是手段不是最終目的，必須結合其他基礎設施的進展，才能真是實現電子商務功能。[6]

一、網路行銷環境分析

網路時代的來臨，帶來巨大的改變；除了原本真實世界以外，如同多出另一個急速擴張中的虛擬空間，這種如真似幻的網路新天地令

[5] 節錄自齊鵬《網路時代現代藝術的崛起》，見《文藝報》2002年5月9日
[6] 俞立平主編《網路行銷》第5頁，中國時代經濟出版社2006年8月第一次印刷

人目不暇結，不僅給個人帶來全新的體驗，對總體經濟、社會、市場也造成全面的衝擊。

1.網路經濟的轉變[7]

(1)資訊自由化

資訊不再為少數人所壟斷，資訊的流通更加自由；對藝術家而言，發表作品的管道更加多元化，能夠簡便的舉辦網路展覽，能夠立即廣泛的獲取意見，能夠觀賞同輩的最新動向；對消費者而言，能更快速搜尋想要的資訊，加以評論，進行比價，並且購買。

(2)商品個人化

網路上的商品豐富，消費者可以按自己的興趣、需求來進行篩選，甚至目前可按照消費者的欲求，量身定制，讓商品更加個人化。藝術品本來就是具備單一、小眾欣賞的特性，經由網路雙向連接，讓獨特的藝術品有更多「一對一」互動與配對成功的可能性。

(3)市場全球化

網路加速了全球化的步伐，任何商品只要進入網路，如同進入了無國界的虛擬市場，全世界上網的人都有可能搜尋到這項商品，區域性市場無法封閉，只能更加開放地全球化。

---

[7] Philip Kotler&Dipak C.Jain & Suvit Maesincee，〈MARKETING MOVES A NEW APPROACH〉，高登第譯，《科特勒行銷新論》，第8-19頁，中信出版社2002年10月第一版

(4)資源整合化

網路世界最大的改變來自分享，未來資源整合成為一種趨勢。以往佔有、競爭的觀念，演化成使用、合作的思維；藝術家也好，收藏家也罷，必須學習更加靈活的運用、整合這些網路資源。

(5)市場決定化

藝術品能否被叫好叫座，被檢定的時間越來越短；藝術的創作與消費，磨合的機會越來越高，當藝術品一經發表，透過網路的資訊傳播，充分快速地反應到市場來；藝術家面對市場的反響要如何因應，已經無法迴避。

(6)即時生產化

滿足每一個人的需求是網路市場可能達成的消費者願望，透過快速搜尋、購買，讓供給方必須更加靈活與快速提供各項被訂購的商品，來滿足消費者。藝術也能及時被生產嗎？還是說，仲介機構在這其中，應該發揮其本身的功能，找到合適產品，即時供應。

【網路調查】

問題：你是否曾經有過：看了網路的介紹，而立即產生消費的經驗？
（心動馬上行動！！）

調查結果：

1.是：	116人	占67.84%
2.否：	45人	占26.32%
3.不記得了：	10人	占5.84%

點閱數：850次

參加調查人數：171人

調查日期：2009年5月23日（7天）

網站：地圖日記http://www.atlaspost.com/landmark-1267549.htm

2.網路市場的特性

網路時代下虛擬市場的誕生，提供另一個全新的交易空間。面對這個新市場，很多概念有別以往，最大的差異性來自以下幾個特點：

(1)跨越時空性

以地球村為市場，只要克服語言的障礙，跨越國界的阻隔，而且全年無休，24小時提供線上服務。

(2)消費個性化

消費者比過去擁有更多的資訊、更自由的選擇，可以根據自己的喜好去搜尋喜好的產品，在網路的交易實現了「一對一」行銷的可能性。

(3)互動緊密性

供給方可以提供更充分的資料，需求方可以更自主地篩選這些豐富的資訊，透過網上的即時諮詢、網友間的經驗交流，及使用後的消費者評價，讓產銷互動更加頻繁而密切。

(4)市場透明性

網路產品的資訊豐富，而且通常是免費的，網路的交易相對快速便利，縱使透過中間平台，手續費也相當低廉，讓消費者能夠快速比價、以低價成交與賣家低成本的競爭是網路行銷的利器。

(5)媒體多元性[8]

網路的資訊除了文字之外，可以使用精美的圖片、生動的影片、動人的音樂、有趣的動畫；可以由簡入繁，既有概要性的入門性介紹，也有滿足專業性的詳盡說明，一切在指尖中跳躍顯現，聲光具佳，生動活潑，使用得當，說服力十足。

(6)知識密集性

網路市場是屬於知識密集產業的一環；網路世界充滿免費或者廉價的共用資源，使用者不見得需要支付昂貴的費用，只要能懂得如何有效地使用這些資源，往往可以達到事半功倍的效果。

---

[8] 黃敏學著《網路行銷》第26頁，武漢大學出版社，2006年1月第8次印刷

3.網友消費者特徵

以2011年元月第27次中國網路發展狀況統計報告為例，分析中國網友的特徵及消費特性如下[9]：

(1)網友身份特徵

- **中青年為主：**2010年上網人數20-29歲占29.8%，其次10-19歲占27.3%，30-39歲占23.4%，這三個年齡層總共占了80.5%，顯示中國網友仍以年輕一群為主；然而值得注意的是中高年齡層比例已經有越來越高的趨勢。
- **教育水準較高：**與2009年比較，初中所占的比例持續增加，占比從26.8%提升到32.8%，增加6個百分點。高中學歷的網友占比首次下降，從40.2%下降到35.7%，降低了4.5個百分點，中國網路逐漸向低學歷普及。
- **男性比例稍高：**總體比例男性（55.8%）比女性（44.2%）稍高。
- **學生是主力：**2010年，學生、企業一般職員、個體戶／自由職業者三大群體在網友中占比進一步增大，分別占整體網友的30.6%，16.2%和14.9%。
- **收得成長趨勢：**網路進一步向低收入者覆蓋。與2009年相比，個人月收入在500元以下的網友占比從18%上升到19.4%，月收入在501-2000的網友群體占比也從41.7%上升至42.8%；顯示上網者的收得成上升趨勢。

[9] 節錄CNNIC發佈《第27次中國互聯網路發展狀況統計報告》網址：http://www.cnnic.net.cn/dtygg/dtgg/201101/t20110118_20250.html

(2)消費心理特點

- **主動性強：**網路上是一個能夠展示自我、尋求資源的廣闊空間；一般能夠在網路的浩瀚網海裡飆網者，主動性強；這種積極主動的特性，是可以跨越年齡成為網友的通性。
- **個性化消費：**網上資源豐富，允許消費更加個性化；個人可以自由搜尋自己喜歡的資訊，觀看他人的使用評議，然後依照個人偏好、能力來選擇符合自己的商品；同樣的貨品，也會因為不同的價格、不同的販賣方式而讓消費者有所不同的消費選擇。
- **熟悉搜尋：**網友一般被戲稱為「宅男宅女」，意味著他們往往喜歡長時間待在屋子裡，終日流連於網路之中。這群人有時還具備「秀才不出門能知天下事」的本事，習慣用網路滿足吃喝玩樂的日常生活，經由網路搜尋讓生活更加省時便利。
- **精於比價：**過去往往必須踏破鐵鞋，貨比三家，費時費力比價後來採買。但現在網路上價格更加透明，貨源更多，更容易搜尋比價。網路一直以來，總能以低價來吸引客戶。網路上有許多「比價網」、「好康網」，主動收集各種促銷資訊、折扣的資訊，讓消費者便於選擇。
- **勇於嘗試：**網路世界變化快，各種新的訊息、新的營運模式、新的網站層出不窮，養成網友勇於嘗試的性格，善用這種消費特性，對市場行銷是一大利器。

二、網路行銷技術基礎

要有效進行網路行銷，首先必須具備網路一些相關的基礎技術知識。現在就其中網站設立的概念及網路提供的基本服務，進行說明如下：

1.網站建設的概念

如果要在網路上建立一個獨立的網站，必須透過以下的步驟：

(1)申請一個網域名稱

網域名稱（Domain Name）就像是一個網站在網路裡的位址，也就是一個「網址」。通常網域名稱由一組英文字所組成，如雅昌網的網域名稱形式為：http://www.artron.net。網域名稱不能重複，必須先向負責經營「網域名稱登記」的網路服務商申請通過之後，繳交年費才可以擁有。網域名稱使用每年都會有年費的支出。

(2)設計網頁

網站有了網域名稱之後，就開始可以設計網站內容。內容由網頁所組成，分靜態網頁及動態網頁；動態網頁包含資料庫，容易更新，是目前網站主流技術。

(3)架設主機

主機好比網站的一個硬體的家；主機可獨立有專屬的一台電腦，也可以用分租的方式，幾個網站共用一台電腦。用分租的方式來共用一台主機的形式，就稱之為虛擬主機。虛擬主機費用低廉，存取空間隨著租用費用大小而有不同，當由於是共用主機的方式，訪問流量比較受限制，一般適合小型網站使用。

(4)上傳資料

將設計好的網頁資料上傳到主機之後，一般人就可以在網路上，輸入網域名稱，找到網站，流覽網頁內容，進行閱覽。

2.網站提供的服務[10]

在網路上，藝術家希望能發表作品，畫廊希望能吸引買家、劇場希望能賣票，網路能夠提供的服務很多，透過形形色色的網站，提供以下的功能：

(1)資訊提供

資訊的提供是網路最基本的功能，舉凡藝術家或藝術團體的經歷、演出團體的介紹、作品的線上展示、預覽出版的內容，甚至是藝術品的成交價格，都能上傳到網。

(2)作品推廣

網路非常有利於作品的推廣活動進行，對於會員可以使用折價券的方式來進行交易、對於預先訂購的客戶可以擁有優惠活動、對於拍賣網能夠使用一元競標來促銷……，擴大宣傳，促進銷售。

(3)客戶服務

網上針對大眾群體，提供個人化的服務。智慧型的網站更能按消費者的搜尋與交易紀錄，主動提供消費者有興趣的資訊，方便客戶比較購買。

---

[10] 資料參考夏學理、鄭美華、陳曼玲、周一彤、方凱茹、陳亞平編著《藝術管理》第545-546頁，五南圖書出版股份有限公司2007年1月二版三刷

(4)交易功能

網路上電子商務的環境已經越來越完善，從商品的選擇、線上下單、訂貨、付款、送貨上門……提供一條龍的交易功能。

(5)溝通互動

網路上除了可以提供充份的作品資訊，問題的解答之外，透過客戶留言、「即時通」線上服務，能夠有效地滿足買賣雙方雙向的溝通需求。

(6)市場調研

目前經由網路來進行意見調查、市場分析及消費者反應，迅速有效。經由消費者點閱搜尋與消費者的成交紀錄，可以進一步地瞭解客戶的購買習性、偏好與市場趨勢。

(7)教育訓練

網路目前已經可以提供遠端學習及各種在線的人員培訓，報名、教學、考試……都可以在網路上完成。

(8)行政管理

通過網路來填寫報名表，申請費用，乃至於甄選人員、對內強化內部溝通、對外促進協力單位的往來，大大提高了行政的運行效率。

(9)其他服務

網路的發展日新月異，所能提供的服務內容豐富多彩：各種休閒娛樂、賀卡服務、搜尋服務、資料存取、電子郵箱、聊天室……這些功能都已經非常成熟好用，而新的服務還不斷地被開發提供出來。

第三節　網路的營運模式

網路時代提供了爆炸性的豐富資訊，開闢了全新的虛擬市場空間。針對這種虛擬市場空間裡看不見彼此的買賣雙方，如何進行交易、如何有效議價、如何付款取貨……種種實際買賣的機制，已經發展出各式各樣的運營模式。在現行網路上流行的行銷模式中，值得藝術市場借鑒的，歸納以下幾種：[11]

一、商店模式（B2C）

B2C就是Business to Customer企業對消費者的交易，意指企業透過網路，提供消費者各種交易與服務。網路市場的出現，讓供給方在網路上能夠直接面對需求方，就好像是供給方開了家網路商店，直接向消費者銷售商品，提供服務；這種方式，如同賣家在網上提供電子版的產品目錄，一旦消費者決定購買，直接線上勾選下單訂購，然後再利用網路付款機制來支付款項。供方收到訂單之後，便會組織送貨，有時也會提供貨到付款服務。

---

[11] 參考上注，第11-19頁。

目前網路書店提供圖書的資訊，將書本內容簡介，部分章節試閱，附錄相關的書評，然後明碼標價，方便讀者直接下單購買，就是採取這種模式。

【網路調查】

問題：您是否曾經在網路上買過書？（比如：透過網路書店……）

調查結果：

1.是的：	89人	占50.86%
2.沒有：	84人	占48%
3.不記得：	2人	占1.14%

點閱數：684次

參加調查人數：175人

調查日期：2009年5月25日（7天）

網站：地圖日記http://www.atlaspost.com/landmark-1281548.htm

二、配套單位協作模式（B2B）

B2B（Business to Business），屬於買賣機制中，供給的一方為了更有效地完善銷售，利用網路這個平台，將供方上下游的協作單位緊密地結合起來。比如說：在藝術品市場交易流程中，將畫家、畫廊、運輸單位，甚至銀行往來連接起來，從畫家提供作品資料開始，畫廊將資料整理上網，當獲得訂單之後，能快速的與買家透過網路銀行結算，再及時通知運輸單位將貨品運達買家，完成交易；如此能更加有效地加速協作廠商之間的訊息流通，提高營運效益。

三、商城平台模式（B2C, C2C）

C2C，全稱是Customer to Customer，是指與消費者與消費者之間的電子商務模式。網路商城如同是一座虛擬的百貨公司，允許廠商或者個人前來設立網路商店。商城主要的任務是要能吸引人潮，因此經營網路商城的網站人員，一方面必須打響網路商城的名號，吸引更多消費者前來消費，另一方面，也得同時號召眾多供給方進駐，提供更多地貨品，然後從買賣成交中，商城網站收取交易服務費或者開店年費的一種經營模式。

目前很多藝術網站，紛紛提供這種藝術品的線上交易功能，讓藝術家或者畫廊等仲介機構來此網站成立網路商店，上傳藝術品資料來進行展銷，利用網路商城提供的平台，來促成交易。

【網路調查】

問題：你曾經在網路上買過東西嗎？感覺好不好？

調查結果：

1.沒有買過——短期不考慮：	23人	占16.2%
2.沒買過——有機會想嘗試：	19人	占13.38%
3.買過——不錯，持續使用：	71人	占50%
4.買過——沒特別感覺：	25人	占17.6%
5.買過——感覺很糟糕：	4人	占2.82%

點閱數：649次

參加調查人數：142人

調查日期：2009年5月29日（7天）

網站：地圖日記http://www.atlaspost.com/landmark-1354156.htm

四、線上拍賣模式（B2C, C2C）

如同在現實社會中的藝術品拍賣一樣，在網路上也能夠成立拍賣網；讓買賣雙方透過網路的拍賣平台來進行競買或競賣。提供拍賣品的賣家有可能是廠商，也可能是個體消費者（B2C、C2C）。一般有三種競價模式：

1.競價拍賣

供方通常會設定底價，在限定時間內，讓買家在網上競買加價，最後出價最高者，如果能夠超越買家設定的底價就算得標，拍賣成交；未達底價就是流標，無法達成交易。有時為了節省時間，賣家有時也會設定「一口價」，讓有意購買的買家，無須等待，只要下單金額達到「一口價」的價格，就立即成交，不必等到拍賣截止時間。

【行業報導】佳士得的網路拍賣

國際拍賣業巨頭佳士得也開始涉足網路拍賣。不久前其推出了精美藝術品及古董線上拍賣網站LIVE，並將在10月份舉行首次拍賣——《星際迷航》40年，屆時，數以千計的《星際迷航》影迷可以選擇線上競拍，與在紐約洛克菲勒中心拍賣現場的買家競價。

據瞭解，LIVE是當前世界上第一家即時的多媒體拍賣網站。登錄該網站參與拍賣，可以看到顯示器左邊有許多條目，右邊是現場的拍賣師。只要將游標移至標有「出價」字樣的橫欄上進行點擊，便可以與在現場和通過電話出價的買主以及其他線上買家共同競價。

佳士得國際運營主管安迪・福斯特介紹，如果客戶們喜歡LIVE，佳士得將在1年內把所有拍賣場所的每次拍賣都接入LIVE，這些拍賣場所分佈在巴黎、杜拜和香港等全球各地。

此外，隨著網上拍賣業務的提速，拍賣師正在接受訓練，以便一邊留意提示器上的網路報價，一邊巡視拍賣現場的情況。通過LIVE參與拍賣的競拍者，應在參與前先觀看並收聽一場拍賣會。在網上，就如同在拍賣現場，也需先研究一下目錄，然後做足功課，如果可能，應先看看拍品。（2006年）[12]

2.集體議價

在網上集合有興趣的買家，以一定購買量來向賣家議價。目前很多出版社成立的網站會採取此種競價模式。在規定的時間之內，針對

[12] 資料來源《網上拍賣業務提速　佳士得嘗試線上拍賣》，見《勞動報》2006年8月21日

指定的書籍，提供不同的數量、不同的優惠價格進行銷售，比如：在規定的時間內，如果有30位、50位或100位以上的讀者登記購買，可以享受不同的優惠購書價格，越多人購買，可以享受的折扣越多，如此吸引有興趣購買者的加入。當規定的登記時間截止時，統計累積的買家數目，裁定應享有的優惠價格，會以電子郵件通知買家確定此筆交易，進一步完成訂購程序。

【個案參考】集體議價

遠流集體議價快報：
克莉絲蒂推理全集（全80冊）
原價19,798元，現已達議價最低門檻12,000元，
無息分期價3,000元×4期，限量30套，機會難得，敬請把握。

150年來，推理小說史上的名家不勝枚舉，但是能夠榮膺「推理之后」——成為全球最暢銷、最耀眼的推理作家，非阿嘉莎・克莉絲蒂莫屬。克莉絲蒂畢生創作80部推理小說經典，被譯作70幾種文字，風靡全球50餘國。

集體議價層級：

0套	台幣19798元
1套	台幣14880元
5套	台幣13060元
7套	台幣12670元
10套	台幣12000元

● 我要議價：http://www.ylib.com/bid/group/view.asp?pd=469

● 議價截止時期：2009年7月24日23時59分59秒

此套書為特價商品，每人限購一套。

3.網路招標

一般單位或政府部門，習慣以招標的方式來採買。明定各種商品的規格及條件，讓符合資格的賣家出價來競賣；目前結合網路技術，公開發佈供給方的資格，按照招標方規定的條件，讓供給方在規定的時間內提供報價，這種競標的方式有別於前面敘述的那幾種，一般投標方彼此並不知道對方的報價，如果沒有其他配套的條件約束，在結標時，以能夠提供符合條件資格的價格者得標。

五、門戶網站模式

藝術品門戶網站，通常會提供各種有關藝術的資訊，包括最新的藝術新聞、展覽活動、拍賣資訊、批評家部落格、藝術家官網……等等，吸引藝術愛好者的閱覽，營運的目標是提高流覽率，因為通常此類網站主要收益是來自廣告。

六、線上服務方式

所謂線上服務，顧名思義就是直接在網路上提供線上服務，目前最盛行的是線上遊戲、線上歌曲點播、線上影片放映等等。透過歌曲聆聽或影片觀看來收取費用；現階段結合手機的鈴聲下載服務普受歡迎。

七、遠端教育模式

教育機構、學校團體可以透過網路來招生，公佈新聞，接受網路報名，也能夠直接進行線上教學服務。直接在網路上，開班授課，執行遠距離的教學服務。

八、仲介服務模式

這是一種「滑鼠加水泥」的服務方式，非常適合目前的現實環境。這種方式是利用線上提供大量的資訊服務與促銷活動來取得訂單，然後再以線下專人配送來輔助，送貨到家、驗貨結款。網路書店結合地區物流公司的配送體系就是這種模式，在台灣由於24小時營業的便利超商到處林立，也會讓顧客在完成網路訂購之後，選擇直接到鄰近的便利商店取貨付款。

九、搜尋服務模式

網路資訊豐富，如何快速有效地找到所需要的資訊，賴於有效的搜尋；目前以搜尋為主的國際網站首推谷歌（http://www.google.com），中文搜尋網站則以百度（http://www.baidu.com）為領先；兩家均已以廣告收入為主，慢慢有取代原來像雅虎（http://www.yahoo.com）等入口網站（提供資料目錄型功能）的趨勢。

網路商業的營運模式日新月異，只要有新的交易模式產生，往往會帶來巨大的改變；如何能夠善用資源，開創新的營運模式是網路世界充滿機會、無限可能的迷人未來。

第五章

藝術的網路行銷概念

網路時代的來臨，對藝術界同樣地也帶來衝擊。網路的興起，不止影響藝術的創作，也改變人們欣賞藝術與消費藝術的行為；網路為藝術市場開闢另一個虛擬的交易空間，提供一個全新的交易市場。

面對這個全新的虛擬市場，各種資料都可以通過網路來獲取，只要輸入有效的關鍵字，就能輕易地搜尋到所要的相關資料。以藝術方面的資訊而言，我們很容易能查詢藝術家的資料，包括其生平、活動、乃至於作品價格。資訊的開放、自由，讓市場交易更加透明，對藝術品的供給與需求，提供全新的視野與操作方式。

第一節　網路行銷的新觀念

市場進入網路時代之後，面對虛擬的世界，與傳統行銷比較，在觀念上產生一些本質性的變化，比如：

一、商品提供的概念不同

以往為了講求市場規模經濟，往往採取大批量的生產，希望滿足多數大眾的消費；然而在網路時代，則嘗試去服務小眾團體，甚至是為每個消費者製作商品，企圖滿足單一消費個體的需求。這對藝術供給者來說，以訂單來主導業務運作，會成為一種常態。茲說明如下：

1.即時供應

「即時」供應，是一種「立即」能夠供給的能力。在現實世界，要保證供給無虞，靠的是充足的庫存，但在虛擬空間，則只需要強大的「搜尋」能力來做後盾。當消費者發出「我要買」的訊息時，立即能夠快速運用網路豐沛的資訊，找到合適的產品，即時供應。

2.先銷後產

先有訂單，再組織貨源。按照買家的需求與預算，再想辦法來提供合適的商品；對畫廊經營者來說，當旅館業者需要一批藝術品時，就需要參考其設計師的要求，反過來尋找與組織一批合適的作品來供應。甚至可以接受買家的特殊要求，協調藝術家重新為其量身訂製。

3.個性產品

在全球化的浪潮下，藝術市場不像速食文化一樣，講求樣式統一、材質相同。藝術的突出表現往往來自標新立異，獨樹一格。藝術品必須有其明顯的特色，不同的展現。因此在藝術市場中，作品越具備差異性，反而辨識度越高，這與藝術界講求獨特風格的理念不謀而合。事實證明很多目前揚名國際的藝術家，結合中國的文化元素，如火藥、書法……，都取得很好的成績。

【個案參考】徐冰的《塵埃》

徐冰以「9・11」廢墟的塵埃為材料所做的新作品《塵埃》在英國獲得了當今世界藝術界大獎——「Artes Mundi國際當代藝術獎」，這也是中國藝術家第一次獲此殊榮。

《塵埃》是徐冰在紐約遭到「9・11」恐怖襲擊後，從曼哈頓世貿中心廢墟附近收集的一些極細微的塵埃為材料，在他的展覽空間裡以霧狀的方式在空中噴撒，地面上有一行預先擺放的用PVC材料雕刻的英文（As there is nothing from the first, Where does the dust itself collect？），經過24小時的沉降，塵埃落定，取走那些字母後，展廳裡只剩下地板上一層薄薄的灰塵和那字模下未被塵埃覆蓋的痕跡，它的中文含義是中國人所熟知的一句著名的禪宗偈語「本來無一物，何處惹塵埃」。

在頒獎典禮上，評委會主席奧奎代表評委會評價徐冰是一位能夠超越文化的界限，將東西方文化相互轉換，用視覺的語言表達他的思想和現實問題的藝術家。（2004年）[1]

網路上充斥很多「我要買」、「我要賣」的訊息，有機會滿足這些買家與賣家的需求，就能促成交易。

[1] 舊天堂網站論壇《徐冰的天書》網址：http://www.oldheaven.com/bbs/dispbbs.asp?boardid=20&Id=4034 2004年12月29日

二、資訊流通的情況有異

網路時代最大的特徵是資訊的自由供給與取得。對供給方與需求方都是開放而自由的；對於藝術界而言，最大的改變是人人都有話語權。藝術評論不再只是掌握在媒體或評論家等少數人手中，藝術家本身、消費者大眾，均有管道可以發聲，讓資訊更加暢通無止，流通管道更加開放自由。在網路上，藝術界充滿百家齊鳴的景象，藝術資訊豐富多彩：

1.藝術家可以獨白

藝術家不在僅僅能埋首於創作，藝術家可以自由發聲。透過個人的官網或部落格空間，藝術家一方面隨時發表最新的作品，記錄創作的歷程，另一方面更能大聲說出對社會、對藝術、對生活的看法。藝術家的獨白，是最動人的心情故事及創作實錄。

2.評論家需要共鳴

藝術評論走出「一言堂」。評論家不再只是扮演藝術界唯一的高音，藝評家的觀點，需要群眾的呼應，才能引發社會的迴響；評論家的文章，需要讀者的回應、熱烈的討論，才能夠激發浪潮，引起關注。

3.媒體持續鼓吹

網路上的媒體形式形形色色，有網路版的報紙、有網站的電子報、有彈開式的新聞視窗，有熱門話題的發燒論壇……；相對於傳統的媒體，網路媒體的言論比較寬鬆，傳播比較自由。善用網路媒體的力量，才能在浩瀚網海中，鼓動風潮，引領時勢。

4.消費者勇於回應

消費者不再是無聲的大眾；相反地，反而是最直接、最口無遮攔的一群。他們往往會赤裸裸地表達自己的看法、好惡，對於喜歡的事物大聲叫好，對於厭惡的人物，惡言相向，絕對不能忽視這些消費者個體。對於這群熟悉網路環境的網友，如果能夠博得他們的掌聲，往往立即換來一大群網友的讚譽與口碑。

三、競爭態勢的觀念轉變

以往的行銷策略是採取競爭者導向，並希望獨佔有更多的資源；比如畫廊希望擁有畫家作品的獨賣權，但是到了數位時代，如何讓畫家擁有更多的被收藏途徑，將更有助於名氣的累積與畫作的增值。資源不見得需要獨佔，共用的觀念更有利於創造雙贏。

1.藍海策略

過去以彼此削價、流血競爭的紅海策略，在網路上可以轉變成為透過新闢的市場、廉價的成本、嶄新的操作模式來創造新的價值，這就是這幾年來行銷學上宣導的藍海策略精神。網路是個全新的市場，經由源源不斷地新想法、新做法，另闢蹊徑，開創新局，充分發揮藍海策略的行銷精神。

2.資源分享

傳統的觀念是資源要擁有越多越好。自己的組織團隊、自己的場地、自有的資金……，但在新時代裡，分工越來越細，專業要求越來越高，可能現有的組織無法滿足所需的人力與物力，因此網路時代精神是以資源分享來取代原來獨佔的觀念，透過資訊透明，快速整合，讓資源在需求時可以有效地被使用，避免資源的閒置，造成擁有資源的負擔。

3.免費政策

網路具備「平等」的社會主義精神，「免費」的福利措施是網路時代最受歡迎的發展策略。網路上充斥著許多不用付錢的服務，供給所有的網友自由享用。這些共用的資源，沒有貧富貴賤的差別待遇，而且不分男女老少，一視同仁。網路提供許多免費的福利措施，因此如果要讓網友額外付費，通常必須要有更多、更吸引人的附加價值。

4.尋求雙贏

網路上往往敵友難分，既聯合又競爭。影音網站（如：YouTube）可以開放給其他網站連接，來增加點閱率；社群網站（如：Facebook）允許讓其他同類型的社群網站，將PO文同時直接連接上傳；以雅虎為例，當雅虎網站要關閉其社群服務時，提供網友利用「一鍵式」搬家功能，簡便地直接將社群內容轉到「網易」的空間。商場上沒有永遠的敵人，而網路上更是處處是朋友，需要廣結善緣，互相協作，創造雙贏。

四、行銷手段的有效尋求

以往商品是以傳單、圖錄等來告知消費者；網路時代可以用電子信函及網頁說明來達到同樣的功能；但更進一步地，廣告不只希望達到告知的效果，更希望透過點擊，立即產生一連串的購買行為，心動而立即行動的概念更加濃厚。

因此網路行銷方式必須更加落實以下的觀念：

1.利基點思考

如何與眾不同，究竟具備哪些獨特性的特點，就是行銷上利基點的思考。網海浩瀚無邊，個人的資訊如何不被淹沒，如何在作品、價格、通路與推廣方式上獨樹一格，引人側目，有賴於利基點的思考方式。

2.直效行銷推廣

網路的世界變化快，資訊多；每位網友每天面對五花八門的訊息，讀得多，也容易忘的快；因此市場行銷必須更有效率。每一種行銷的手段，不僅於資訊的告知，最好有配合的銷售措施，讓客戶方便地執行購買行為。

3.無店鋪銷售

網路交易是新興的一種無店鋪販賣方式，與以往「郵購」相同的地方是具有豐富的商品訊息，而更勝一籌的地方是，可以更加多元地結合影片與音樂來表現，而且執行成本也比郵購低廉。目前利用網路電子郵件，費用很低，甚至是免費的；而一些附加功能，如即時通、線上聊天室又能立即在網路上解答客戶的問題，及時與消費者互動，讓無店鋪銷售的威力更加強大。

4.遊戲的精神

網路遊戲大行其道，網路對於有趣的影片、文章、活動，往往瞬間就會爆紅、引發流行。因此行銷方式要充分具備遊戲的好玩特質，遊戲精神就是一種互動的機制，透過遊戲讓網友參與，高明的行銷手段，能讓網友的熱心投入，並且積極推廣、主動消費。

第二節　網路的行銷方式

網路市場形成之後，要進行市場交易，就必須先要先吸引人潮。如何讓廣大的網友駕臨網站，創高人氣，有賴於有效的「吸睛」。「吸睛」是網路流行語，意思是吸引更多的關注的眼睛、眼球。

網路吸睛的手法隨著技術的進步，不斷地翻新，常見的網路行銷方式列舉如下：

一、電子郵件的廣告信函email

電子郵件是網路最大的發明，也改變了人類傳統的通信方式；快速、免費、大量派送也不會增加成本，在商業上的功能如同廣告信函，可以迅速地傳遞商品的有關資訊。只要能收集到有效的目標客戶名單，便可以大規模地、一次性地大量郵寄。

目前由於這類廣告郵件氾濫，如果漫天亂寄，反而容易引起消費者的反感，而且一些提供網路免費信箱的網站，也紛紛推出軟體，來過濾此類廣告信函，將此打入垃圾郵件。

二、搜尋引擎與關鍵字

搜尋引擎說明網友在漫漫的網路中，能快速的找到所要的資訊。在搜尋的過程之中，一般會輸入一些詞語或字句，比如說當你想找有關畫廊的資料，就會輸入「畫廊」，想找拍賣會相關資訊就會輸入「拍賣會」；因此「畫廊」、「拍賣會」，就稱為所謂的「關鍵字」。試想，在搜尋引擎輸入「畫廊」時，如果首先出現的是你的畫廊，讓一般網友點擊進入的機會相對地自然會提高很多。熱門關鍵字成為搜尋網站廣告收費的重要來源，需要支付的價格不菲。如何運用關鍵字是門學問，有時通過轉換成另一種表達字句時，不見得需要付費用，因此如何有效地設立關鍵字，讓所建立的網站或發表的網頁內容能快速被搜尋，是網站行銷很重要的一環。目前全世界最大的搜尋引擎是「谷歌」（http://www.google.com）；而號稱華文最大的搜尋引擎是「百度」（http://www.baidu.com）；一些專業性的門戶網站本身也會提供搜尋的功能，比如「雅昌藝術網」（http://www.artron.net），只要輸入藝術家名字就能搜尋到他相關的資料，特別是拍賣成交紀錄。

三、部落格（blog）的運作

部落格也有稱之為博客（blog），是個人在網路上成立一個專屬虛擬的空間。在個人的部落格裡面，可以寫日記，可以存圖片，可以接受網友的留言，甚至可以舉辦「投票」（針對特定議題，進行意見調查）。部落格的內容很廣泛，可以寫自己的心情故事，寫小說、寫旅遊、評介美食、評價電影、推薦動聽的歌曲；熱門的部落格有大量的流覽人潮，形成另一種意見領袖。

藝術家目前紛紛成立個人的部落格，利用部落格即時發表作品，撰寫創作心得，並適時透過部落格的留言板功能，與來訪者互動；評論家也成立部落格，讓評論文章，引發更多的迴響與討論；有些畫廊也成立部落格，藉以推薦藝術家，舉辦網路畫展，吸引美術愛好者。

如何經營自己的部落格，讓更多人來訪，有以下技巧可以運用：

1.空間名稱

部落格空間可以用真實姓名來命名，也可以使用杜撰的暱稱。一般會為部落格取個有趣、好記的名稱。對於藝術家或者藝術團體而言，為了要打響名號，並與網友交流，自然是以真實名稱出現為優先考量。

2.頭像照片

部落格經常要求掛上照片，任何的圖片都可以使用。如果身為俊男美女，自然可以用本尊照品上傳，否則可以作品、圖案、寵物、標誌……來代替；頭像照片如同是部落格空間的外貌，應考慮以何種圖像才能更加吸引人。

3.空間的風格

部落格雖說是個人的空間，可以很隨意寫寫貼貼，而且網站已經設計出許多現成的範本可以套用，但不妨留意自己想要塑造的風格與主題內容，有特色的空間，自然會吸引同好的來訪。因此，從日記的標題、內容的撰寫與圖片的編排，處處得用心。

4.內容多媒體

目前部落格空間的安排，往往可以結合文字、圖片、音樂、影片……呈現出多彩多姿的內容。網路上讀圖的偏好非常明顯，文字應儘量精簡扼要；藝術家多讓作品圖片來說話，以看圖說故事的方式相對地比較能吸引讀者，避免過多冗長文字的長篇大論。

5.留言板的回覆

當訪客來訪並有留言時，應該勤於回覆，這是最可貴的一種互動，也是吸引網友再度光臨、培養感情、交流觀念的好方法；千萬別對留言視若無睹，有時冷漠不回應的態度也會招來對方的冷落，反之，如果熱情的回復，會讓網友再次造訪的機率很高。

6.廣交網友

拜訪他人的部落格是交新朋友的方便途徑。廣交網友，是累積升人氣的有效方法，往來的網友越多，自然人氣越高。優先回訪來過自己部落格空間的朋友，是一種基本的網路禮節。頻繁地在博友間的部落格間穿梭，處處留下你的「足跡」，有助於提高網友訪問你空間的機會。

部落格是展示自我很好的一種方式。網路上提供部落格免費的空間很多，各種入門網站都開闢此類服務。成功的部落格具有高人氣，陳述的主張、報導的內容，如同媒體的傳播一樣，具有相當的影響力。受歡迎的部落格，以主題性內容，與網友頻繁互動，人氣興旺，不可忽視。

【網路調查】

問題：你曾經由於網友部落格的推薦，而去消費嗎？（食衣住行育樂……均包含）

調查結果：

1.是的，至少一次：	92人	占63.45%
2.沒有，不曾有過：	53人	占36.55%

點閱數：587次

參加調查人數：145人

調查日期：2009年6月18日（7天）

網站：地圖日記http://www.atlaspost.com/landmark-1460627.htm

四、成立虛擬社群

虛擬社群，也稱網上社群、群組或圈子。是在網路上基於某種特定的共同特點、偏好、主題所形成的團體，這些共同點如：

1.按城市

雖說是網路沒有空間的阻隔，但是選擇自己所在地的城市，如中國的北京、上海、廣州……來加入社群，猶如在浩瀚的網海中，尋求到比鄰而居的親友，可以就近分享城市最新的動態、新聞、乃至於天氣，所謂「人不親，土親」，身處於同一個都市，或鄰近的地區，感覺更加親近。因此以城市來作為族群招募，成立虛擬社群是一大誘因，有助於結集同一城市的網友，便於傳播同城熱門的事件、分享展覽的資訊，還可以就近舉辦網友的聚會，將虛擬的社群發展成現實的人際關係。所以網路社群經常會因為相同的地域而結集。

2.按興趣

以共同的興趣為出發點，藝術薦賞家、戲劇愛好者、電影欣賞同盟、書友會……在網路上，以特定的興趣來號召同好加入。這類以共同興趣來結集的群組，從群組的名稱就很容易看出社團的特性，比如「當代藝術」、「我愛詩歌」、「詩與畫」讀書會……等；經由虛擬社群的結集可以分享作品、推薦活動、交流觀後感。

3.按學校

以共同的小學、國中、高中、大學、研究所、校友會或者社團，為加入的條件，所謂同門師兄弟妹的情誼，更有助於在茫茫的網海裡，拉近彼此的距離。基於網路上年輕族群占的比例多，活動力十足，交友的意願高昂，號召同門師兄弟妹形成社團，倍感親切。師出同門，能夠共用學生時代的趣事、回憶校園時光、培養出更親密的校友情誼。

4.按個人或團體

「名人」或知名的藝術團體，比較有可能成立專屬的群組，這些著名的藝術家、暢銷的作家、成名的藝術團體，很容易吸引到一群粉絲的加入，如同藝人的後援會，對作品的傳播，活動的推廣，總能扮演最忠實的支持者功能。

目前這種「社群網站」全世界發展十分成功的有「臉書」，網站的英文名稱為「Facebook」（http://www.facebook.com）主要是輸入照片，來尋找朋友的交友型網站；中國國內目前類似的社群網站有如開心網（http://www.kaixin.com/），完全靠朋友介紹入會，在很短的時間就累積幾千萬的會員；這種社群網站有特別的利基所在，從實體的「關係」展開，希望把學校、公司、朋友……種種人際關係一網打盡。中國國內雅昌藝術網的社群，早期叫做「圈子」，後來改稱之為「群組」，此項功能設計在部落格欄目內，按自由聯盟、地區聯盟、興趣聯盟……等專案來分類，（http://blog.artron.net/network.

php?ac=mtag&view=hot），在這些大類內，更有細部的群組發展出來。

加入群組，大部分是以認識更多網友為目的，注重的是心情分享、交友聯誼，透過群組的力量，讓大家結集起來。有些群組活動力驚人，經常會舉辦各種活動，策劃各項話題，甚至線上競賽，來吸引組員群聚的熱情。

【行業報導】虛擬社群Cummunity

如果您在奇摩字典打上Community，您會得到以下批註：「實際或虛擬世界中聚集在一起的人。」

在網際網路出現前，社群指的通常都是一群住在附近的人，因為有共同的生活場域、生活環境，所以產生某些同質性，這又稱為社區。但是網際網路出現後，社群則是一群聚集在網路上的人。他們可能居住在世界各地，但是，因為同樣的興趣相聚，並且討論、分享自己的許多心得。而這些虛擬世界中聚集的人，對於e工作者而言有很大的經濟價值。因為社群有相似的興趣，所以是個定位明確的市場，而企業中的工作者就不需要再花大量的力氣去找尋自己的目標市場，只要鎖定社群，在行銷上就能夠事半功倍。

Kollock（1999）認為虛擬社群的參與動機有三點：

1.預期互惠（Anticipated Reciprocity）

人們對虛擬社群進行貢獻時，預期在將來會得到其他社群成員的協助。

2.增加認同（Increased Recognition）

社群成員在進行貢獻時，希望個人的貢獻能被表彰，所以增加認同也被稱為自我賞識（egoboo），Rheingold（1993）在WELL的研究指出，增加認同是參與社群的重要因素之一。

3.效能感（Sense of efficacy）

Bandura（1995）在研究中指出，個人會提供有價值的資訊給社群成員，因為這樣的行為可以對這個社群產生影響，滿足他們的自我形象（self-image）。維基百科就是一個最佳的例子，它讓任何人都能夠建立新條目，並且修改任何一條存在這個線上百科全書的條目。這些改變是即時的、明顯的，而且全世界都能閱讀到這些條目。[2]

五、行動上網傳播

行動電話上網已經越來越普遍；伴隨手機的普及，年輕族群更大量採取「簡訊」的方式來聯繫彼此，不僅是年節的問候、尋常的約會、無厘頭的談話，幾乎都是使用簡訊來進行。中國使用簡訊的習慣更是大幅領先其他國家，這種一個一毛一條的小業務造就了一個數十億元的大市場，給網路資訊傳播帶來了極大的便利，也開創了另一則無窮的商機。

[2] 參考REX〈人為什麼需要社群〉，2008年5月6日，網址：http://buzz.itrue.com.tw/blog/?p=305

【行業報導】中國簡訊使用數量

春節將至，對絕大多數中國手機用戶來說，不收發幾條乃至幾十條拜年簡訊，幾乎是不可能的。別說逢年過節，就是平時一天不收發上幾條也不容易。據統計，2004年全球發送的手機簡訊總量為5100億條，中國就占了1/3。而美國1.5億手機用戶一年發送的簡訊總量還不到中國人一個星期的發送量。

簡訊盛行也體現著一種文化。在中國，手機簡訊除了傳遞資訊，現在已經有了許多其他延伸功能。比如，交通資訊、購物資訊、促銷資訊都通過簡訊向用戶發送，許多朋友聚會也通過手機群發實現，甚至還有許多「簡訊寫手」，發送一些「活色生香」的段子，短小精悍，意在字外，令人莞爾，得一刻輕鬆，這可是電話留言不可能具備的功能。這也是中國文化的一種獨特體現吧。（2006年）[3]

簡訊之所以運用的頻率大幅成長主要是具備以下的特點：[4]

1.立即性

在發簡訊的瞬間，對方馬上可以收到。

---

[3] 摘自中國新聞傳播學評論〈中國簡訊一週，相當於美國一年的簡訊數量〉網址：http://www.cbinews.com/ecommerce/showcontent.jsp?articleid=29982 2006年2月1日

[4] 資料參考Liz Hill&Catherine O'Sullivan&Terry O'Sullivan，〈Creative Arts Marketing〉，林傑盈譯，《如何開發藝術市場》，第323頁，五觀藝術管理有限公司出版2006年二版

2.普遍性

隨著手機的普及，幾乎人手一機，隨身攜帶，成為現代人隨身的基本配備。

3.低成本

相對電話費，一通簡訊收費低廉，如配合電信的套餐式優惠活動，更加誘使消費者大量使用。

4.有效性

簡訊伴隨著明確的電話號碼，很少會發生發送錯誤的情況。沒有閱讀的資訊自動會在手機裡留存，不會有漏接的情況。

5.易回應

在發出的瞬間，對方會有響聲提醒，方便接受的一方，很容易順手就予以回覆；縱使無法立即回應，也能留下資訊，選擇方便的時間來回覆。

目前簡訊在藝術界也被普遍性的使用，時下藝術家舉辦畫展、拍賣會告知拍賣時間地點，都已經大量的採用簡訊的方式來邀請、通知、聯繫。

【網路調查】

問題：你使用過簡訊與親友聯繫嗎？

調查結果：

1.是的，曾經用過（包括偶爾使用）：	117人	占90%
2.沒有（包括只收過，沒有發過）：	13人	占10%

點閱數：486次

參加調查人數：130人

調查日期：2009年6月25日（7天）

網站：地圖日記http://www.atlaspost.com/landmark-1495526.htm

六、其他線上推廣技巧

隨著網路技術的改進，創意十足的線上推廣方式不斷被創造出來。漸漸地改變或取代原來的習慣或事物，使得原本發生在真實世界的作為，慢慢轉變在網路世界中進行，因為快速、因為廉價、因為更有效率。

1.電子賀卡

以往逢年過節郵寄賀卡，現在改傳電子賀卡。由於電子賀卡的普遍性，不只是在節日寄送，生日卡、心情卡、好人卡、道歉卡、邀請卡……，各式各樣、隨時傳送，快速到達，可以一次大量派送，而且通常是免費的。除了制式的卡片之外，也可以設計突現個人風格或單位標誌的特色卡片、名片。

2.電子折價券

直接將「折價券」、「低扣券」、「現金券」……各種的優惠券搭配網路活動來發放，需要者只需上網選定這些電子優惠券，再運用印表機列印下來，就可以憑券享受折價的優待。

3.網頁背景模式

每台電腦都有原本附設的開機背景，但長期使用之下，難免感到單調乏味。因此有趣、美麗的背景模式，很受網友的歡迎，特別是在個人風格十足的「部落格」，更希望具有特色的空間模式，很多藝術團體會結合舞台標誌、藝術圖示及其形象Logo提供這些背景圖片。

4.線上投票

線上投票是有效累計人氣的方法，只要妥善設計投票的議題，在規定的時間內，可以立即吸引網友前來投票，進而認識消費者的購買動機、態度甚至使用習慣；高明的投票主持人，可以將推廣的訊息隱藏於投票的議題之中，借機讓前來投票的人，認識商品，接受到活動的資訊。

5.線上抽獎

抽獎活動總是吸引人潮的好方法，獎品除了有實際的商品之外，也可以是網路的貴賓卡及虛擬的線上禮物。大型藝術展覽，會結合推廣活動，在網路發佈資訊，抽獎贈送入場券及展覽海報。

6.線上禮品

線上禮品是一種虛擬的商品或服務，有點像線上遊戲的味道，目前很多部落格或交友網站，設計出許多線上禮品，讓網友增加禮尚往來的聯誼機會，一個飛吻、一個擁抱、一朵線上玫瑰，都是網路上熱門的示好方式。

7.線上遊戲

不只是線上遊戲網站，現在「遊戲」的精神充斥整個網路；因此往往推出許多虛擬的、有趣的功能，增加網友之間的互動；舉例來說：地圖日記網站（http://www.atlaspost.com），除了原本部落格、相冊、旅遊路線功能之外，大量的網路遊戲也是其網站的特色，比如讓網友將照片轉換成封面人物，或提供裝裱精美的虛擬相框等線上工具，來豐富網站的內容，與提高網友參與的熱情。

8.線上留言板

留言板是網路互動很重要的功能；可以針對網站留言，可以針對部落格主人留言，也可以針對某篇文章、某張照片留言。評論家的文章透過留言引發雙向的交流，藝術家的作品透過留言溝通彼此，劇團演出透過留言瞭解觀眾的心聲，……留言可以瞭解一線客戶的回應，數量眾多、反應良好的留言就形成口碑。

9.線上展覽

線上展覽的好處是跨越空間的阻隔，時間的限制，並輔之以詳細的資料來吸引訪客，最大的缺點是無法身歷其境，與現場觀眾互動的臨場感。但科技發展很快，線上展覽已經可以做到3D的立體場景，讓觀眾透過環聯網就可以感受多角度觀看的模擬效果，使線上展覽的虛擬實境，愈來越接近現實。

10.訂閱電子報

網上充斥很多電子報，訂閱通常是免費。網友只要加入會員，留下電子郵箱，就可以按照自己的嗜好來訂閱。電子報主題涵蓋新聞、美食、運動、文學、戲劇、電影、歌曲……等等，種類繁多，是發送特定資訊很有效的途徑。

11.線上廣告

目前線上廣告的方式越來越聰明；除了隨著你的搜尋出現相關的廣告訊息之外，也會讓廣告進入你的閱讀內容。這是一種「置入性」行銷的概念，當你不經意間，已經被灌輸了哪本書值得閱讀、哪部電影不可錯過、哪位藝術家值得關注、哪種品牌值得信賴。

第三節　網路的獲利來源

網路上儘管充斥許多免費的資源，但網路行銷最終還是得以效益為目標。如何廣辟財源，增加收益，是網路行銷的主要任務之一。

網路有可能經由以下方式獲得收益：

一、從交易中獲得收入

利用網路提供的交易平台，主要靠藝術品的買賣成交來獲取收入。

在網路上，有以下幾種交易平台資源：

1.網路商城

這是設立在網路上的虛擬商城。供給者可以利用網路上虛擬商城所提供的交易平台，在商城內設立虛擬店鋪，將作品資料上傳，標示價格，進行銷售。這種典型C2C的交易模式，也就是直接面對消費者的網上買賣行為。

另外也可以成為網路藝術品的供應者；亦即不自行設立網路商鋪，直接供貨給該網路商城，成為網路商城的供應商，當商城從線上接到訂單時，再行出貨、結款。

【行業報導】淘寶網C2C的成功啟示

淘寶網（www.taobao.com）是中國國內領先的個人交易網上平台，由阿里巴巴公司投資創辦，致力於成就中國全國最大的個人交易網站。自從2003年5月10日創辦以來，從零做起，短短半年的時間迅速佔領了國內個人交易市場的領先地位，創造了網路企業的奇蹟。

淘寶採用會員制，只對註冊的會員提供服務，另外淘寶提供協力廠商支付工具「支付寶」，說明交易雙方完成交易，提高網上交易的信用度。用戶需通過虛擬的會員名、E-mail進行註冊。填寫資訊、啟動帳號和註冊成功稱為註冊三部曲。此外，淘寶還有實名認證制度，這極大的保證了網上交易的安全。

是什麼樣的策略使得淘寶取得如此令人矚目的成就呢？

首先，便是憑藉免費的策略打入市場。

其次，針對中國國人習慣的設置贏得了用戶。介面友好是很多網友對淘寶的第一印象，其活潑的介面和相對完善的功能使得用戶很容易進入。

此外，淘寶還通過「淘寶旺旺」這一類似QQ的聊天工具，使買方和賣方可以線上直接交流，甚至通過聊天成為朋友，這很符合中國人做生意的習慣，深受買賣雙方的歡迎。

最後，建立安全支付系統推動安全交易。隨著電子商務的不斷發展，網路詐騙使得很多人不敢嘗試網上購物。而淘寶網的安全支付系統「支付寶」在這方面的努力獲得了用戶的認可。買家在網站上購買了商品並付費，這筆錢首先到了支付寶，當買家收到商品並感到滿意的時候，再通過網路授權支付寶支付貨款給賣家。這樣盡可能地降低了C2C交易風險，得到了使用者的青睞。（2009年）[5]

---

[5] 節錄自閻超，《淘寶網C2C的成功啟示》，見《會計人》網站，2009年12月2日，網址：http://www.kuaijiren.com/dianzishangwu/2009-12/1259746323_75212.shtml

2.網路拍賣

一般線上的拍賣有兩種方式，一種是自行將拍品資料整理上線，另一種則是委託網路公司來進行拍賣。

前者得自行負責交易的各項風險與後續運輸收款等事宜，而後者則完全委託網路拍賣公司來完善交易。這其中涉及的是收費問題：亦即當網路拍賣成交時，收取的費用有所差異。前者有時是免費的，而後者自然得從成交的價格中提取部分的手續費。

網路拍賣一般會有拍賣底價的設定，並明確標示拍賣時間的截止日期。如果在規定拍賣時間內，有人線上上出價超過所設定的底價，就算落槌成交。

【網路調查】

問題：你是否曾經參加過「網拍」（網路競拍），在網路競買或賣過東西？（不限藝術品）

調查結果：

1.是的，至少一次：	64人	占54.7%
2.沒有，不曾有過：	53人	占45.3%

點閱數：490次

參加調查人數：117人

調查日期：2009年6月24日（7天）

網站：地圖日記http://www.atlaspost.com/landmark-1491314.htm

3.網路售票

演出團體可以利用自己的官方網站進行售票事宜，也可以利用專門的網路售票網站來進行線上銷售票務。這些票務公司大部分以地區性為服務範圍，主要是考慮後續送票服務的及時性；目前線上售票以文藝演出的票務及電影票為多。

4.網路書店

線上買書越來越方便，不僅查找書籍方便，也可以進行內容試閱，同時可以輔助線上的書評及讀者的閱讀心得。網路書店，提供書籍購買一項非常有效的銷售新管道。由於網路書店競爭激烈，目前除了書籍之外，光碟、文具，家電用品，禮品……可以銷售的商品種類越來越多。中國國內特定區域內，還提供免費送書服務，而且標榜24小時送達的限時服務，廣受愛書人的喜愛。

5.線上音樂

線上音樂的下載與收聽，已經十分普遍；之所以會廣受歡迎是因為價格低廉，下載之後儲存在MP3或者手機，隨時可以聆聽，而且購買時選擇性多，可以挑選自己喜歡的歌曲「單曲」購買；中國國內線上音樂的盈利模式還是以免費為主流，未來結合法令及相關業者的協商，採取付費下載的盈利模式，還有很大的發展空間。

【案例報導】谷歌的線上音樂解決方案

業界普遍認為，谷歌音樂搜尋之所以能獲得各大唱片公司和版權商們的重視和鼎力支持，最主要的原因在於，它為建構數位音樂的廣告分成模式提供了一種新的可能性。同時，對用戶最大的好處就是，從此這些唱片公司的所有正版音樂都可以免費查詢、試聽和下載。

如果把唱片業的反擊和救贖的行動比作一部組曲，那麼它大致可描繪成一套三部曲：

一、以起訴P2P網站為反擊方式，最終接納MP3格式，依靠蘋果公司的iPod+iTune付費下載模式獲得收入，實現第一次自我拯救；

二、起訴提供免費音樂下載連結的網站，後期的訴訟重點是百度、雅虎等搜尋引擎。同時，在難以形成付費模式的地區，尤其是中國市場，也形成了唱片公司、SP和電信運營商的商業生態系統，從付費訂製、下載手機歌曲等資訊費、流量費，甚至話費等各種名目的收費中分一杯羹。當然不止在中國，這一模式在其他國家，比如日本和歐美也都為唱片公司帶來了一定的收入；

三、隨著網路普及和3G到來，唱片公司越來越認識到低成本傳播的音樂產品最終將很難支撐一個向使用者收費的模式。唱片公司開始的第三次自救，重點是與具備強大廣告平台優勢的搜尋引擎合作，試圖探索廣告支撐免費音樂的模式，通過線下活動從藝人周邊業務上挖掘新的收入，這其中版權公司也試圖把搜尋引擎當作新的買單者，如果以谷歌音樂搜尋的推出為標誌的話，可以說目前這種模式才剛剛開始。（2009年）[6]

---

[6] 業界普遍認為，谷歌音樂搜尋之所以能獲得各大唱片公司和版權商們的重視和鼎力支持，最主要的原因在於，它為建構數位音樂的廣告分成模式提供了一種新的可能性。同時，對用戶最大的好處就是，從此這些唱片公司的所有正版音樂都可以免費查詢、試聽和下載。

二、從廣告中獲得收入

廣告收入是一般網路盈利主要的模式之一，講求網站到訪人數，特別是點閱率。網站可以獨立收取廣告費用，按照版面及位置的不同，有不同的收費標準。網站也可以與其他網站合作，透過「廣告圖示」的點擊，來分享廣告的提成。一般網路廣告進行有以下幾種方式：

1.廣告圖示

將其他單位製作成「圖示」的方式安排在頁面上，這是最常見的廣告連結方式，透過點擊，可以馬上聯結到該公司網站。

2.廣告旗幟

這也是目前網路最普遍的廣告形式之一。按照特定的尺寸製作成圖檔，內有文字標示，通常這類型廣告會與活動結合，比如「拍賣會訊息」、「藝術博覽會」……等等。

3.快顯廣告

這種廣告方式針對性很強，只要是選定的網站或網頁被登入，就會自動彈出一個新的視窗顯示廣告的內容，這種廣告方式有點強迫性，雖然攻擊性很強，但也容易引起網友的反感，必須注意使用。

4.文字連結廣告

針對特定的文字，設計連結，這種方式與「圖示」或「旗幟」類似，要靠點擊來連結，這種方式最大的好處是可以節省空間，但也因為比較不明顯，除非文字內容吸引人，否則容易被忽視。

5.桌布式廣告

經由提供美麗的圖案、照片、動畫融入自家的名稱或機構的形象CI，讓網友下載圖檔，成為電腦頁面的桌布，或手機的背景圖片。

6.互動遊戲廣告

隨之出現；當然如果能將廣告的議題融入遊戲之中，效果會更好。

對於知名的藝術家及演藝團體，廣告是一項不錯的收入，經由替網站代言的方式，可以透過圖示、圖像、活動贊助……多方面的合作。

三、從贊助上獲得收入

贊助一直是藝術團體重要的經濟來源之一，同樣地利用網站也可以廣開贊助之門。除了政府補助與企業贊助之外，私人的捐獻也不可小看，除了實質的金錢贊助之外，也可以獲得實物如設備、網路空間、網頁製作與維護的贊助。

1.企業贊助

藝文團體由於其清新高雅的形象，經常可以獲得企業的贊助；國外許多大型企業都會成立文教基金會或固定提撥預算，來贊助這些藝文團體或者相關的活動。

2.政府補助

一般國家每年都會公佈年度藝術活動的補助專案，各地的政府也會有一些文化的活動與獎勵措施，透過網路可以主動積極地來瞭解搜尋這些補助資源，不妨主動爭取，積極參與。

3.個人募款

藝術團體或藝術家的官方網站，目前透過網站公開的募款資訊，也會招來熱心的支持者，以個人的名義捐款，目前在網路上方興未艾。

【案例報導】紙風車兒童劇團的募款

「紙風車」劇團成立17年來共演出兩千多場，購票觀眾達兩百七十萬人，並且每年都保持著超過200場的演出規模，可以說是當之無愧的「台灣第一兒童劇品牌」。

3年前，「紙風車」以「陪孩子走出藝術的第一哩路」為口號，在台灣拉開了聲勢浩大的「三一九鄉村兒童藝術工程」，目的就是將戲劇推廣到台灣的319個鄉鎮，讓生活在鄉村的孩子有機會接觸兒童劇。整個工程都是靠所有喜歡藝術的人來捐助，而非來自官方和企業資助。為了節省住宿費，劇團成員都是晨起晨歸，往往要凌晨3點出發，花5、6個小時到達鄉村，整理道具、全場彩排、演出、收拾道具，然後坐上車凌晨歸來。這樣的辛苦只為看到孩子們多一份笑容。（2009年）[7]

紙風車的募款網頁：http://www.319kidsmile.org/

---

[7] 徐菲《臺灣紙風車劇團「唐吉坷德」帶我們去冒險》，搜狐娛樂網站：http://yule.sohu.com/20090526/n264174718.shtml 2009年5月26日

四、從結盟獲得收入

目前很多網站開始提供優越的合作方案，只要個別網站或網頁有足夠的流量，就可以獲得廣告的抽成，這對一些具有獨特性的藝術網站或者點閱率大的個人主頁很有吸引力；只要能製作或拍攝具有吸引力的資料或影片，經由大量的點閱而可以獲得相應的抽成，這對個人部落格或者影音、動畫的製作者提供創造效益的可能途徑。

【案例報導】YouTube的廣告抽成方案

新浪科技訊　北京時間2月1日消息，據國外媒體報導，YouTube英國分站人士週四透露，將推廣「YouTube夥伴合作項目」（YouTube Partner Programme），與原創視頻作者共用廣告收入。

據悉，上傳視頻的使用者可與YouTube就該視頻中嵌入的廣告收入進行分成，用戶有望獲得高達上千英鎊的收入。「YouTube夥伴計畫」最早在美國和加拿大推出，主要面向「受歡迎和高產的原創內容製作者」，使用者需要申請後方可加入這一計畫，加入的條件是必須定期上傳視頻，而且單個視頻點擊率必須超過數千次，那些偶爾「一炮走紅」的作者將被拒之門外。

YouTube未透露具體分成比例，但其發言人介紹，美國合作夥伴如果視頻點擊量超過100萬次，月收入能達數千美元。（2008年）[8]

---

[8] 資料來源：互聯網頻道《youtube英國與視頻原創者共用廣告收入》陳晶2008年2月2月網址：http://www.ccw.com.cn/fortune/news/online_movie/htm2008/20080202_376975.htm

五、從會員獲得收入

吸收會員也是藝文團體很重要的經濟來源，不同的會員等級會有不同的權力與義務，通常可以按以下不同方式來擬定會員辦法：

1.按等級

藝術團體可以透過網站招募會員。會員可以規劃不同的等級，比如是金卡、銀卡、普卡，會員可以預收一些年費，不同的會員等級享受的權力利與優惠不同，相對地會費也會不一樣。

2.按對象

會員也可以分為個別會員或團體會員，在團體會員還可以按不同對象進一步分為家庭會員、公司會員及社團會員；吸收團體會員有助於藝文消費人口的推廣，讓原本不關心、不熱心的消費者，經由群體的帶動而漸漸投入藝術消費的行列。

成功擬定會員政策，可以經由會費的收取，來改善藝術團體的收入。這些會員不僅有助於基本票房，也是最佳宣傳員，有效地動員會員，將有助於各種活動的推廣。而且會員名單本身也能夠產生效益，因為特定的會員名單，是一批具有特色的目標客戶，為市場行銷人士所喜愛，願意花錢來購買名單。

【案例參考】網路會員制行銷：亞馬遜

一般認為，會員制行銷由亞馬遜公司首創。因為Amazon.com於1996年7月發起了一個「聯合」行動，其基本形式是這樣的：一個網站註冊為Amazon的會員（加入會員程序），然後在自己的網站放置各類產品或標誌廣告的連結，以及亞馬遜提供的商品搜尋功能，當該網站的訪問者點擊這些連結進入Amazon網站並購買某些商品之後，根據銷售額的多少，Amazon會付給這些網站一定比例的傭金。

從此，這種網路行銷方式開始廣為流行並吸引了大量網站參與——這個計畫現在稱之為「會員制行銷」。

如果說網路是通過電纜或電話線將所有的電腦連接起來，因而實現了資源分享和物理距離的縮短，那麼，會員制計畫則是通過利益關係和電腦程式將無數個網站連接起來，將商家的分銷管道擴展到地球的各個角落，同時為會員網站提供了一個簡易的賺錢途徑。許許多多的小網站也正是通過加會員制計畫賺到了網上的第一張支票。[9]

---

[9] 鳳英建〈會員制的起源與行銷原理〉網址：http://www.myoic.com/IdeaMsg/MsgDetail_Q_AUTOID_E_119_A_Catalog_E_001003002.html

第六章

藝術如何進行網路行銷

隨著網路時代的來臨，「創造一個美麗新世界」，不再是個遙遠的夢想。

未來人生將在此岸與彼岸間擺渡，在現實與虛擬中游離，透過網路來推廣藝術，所謂的「虛擬實境」，在本質上更接近的應該是藝術而不是技術。

不同門類的藝術，目前都積極地在運用網路這項技術，有些以網路來發表作品，有些以網路來進行宣傳，有些甚至以結合網路來創作，而網路行銷就是要以網路來達成市場交易。

在網路新世界裡，這種以虛擬市場來交易的方式，被稱之為「電子商務」。電子商務的發展很快，相關配套的改善與日俱進，人們已經越來越習慣在網路上消費。藝術品面對這個日漸壯大的虛擬市場，應及早規劃一套在網路行銷的作業流程。

第一節　藝術上線

既有的各種藝術形式，包括繪畫、雕塑、音樂、戲曲、歌劇、電影……目前在應用網路的狀況概述如下：

一、美術

美術類的藝術品，包含繪畫、雕塑、工藝品……，在網路上流通十分普遍。美術專業性的網站也相當多，不止是提供藝術家作品展示，也連帶有交易的功能，由於有實物，流通起來比較方便，只要將作品的照片掛上網，再附帶對作品的說明，就具備商品流通的基本條件。目前美術類線上網站種類繁多，包含：藝術專業入門網站、藝術品商城、線上拍賣、線上畫廊、免費展廳、藝術家官網、美術館與美術院校等機構網站。

二、音樂

歌曲線上播放、提供下載是相當受到歡迎的專案，特別是MP3音樂，廣受年輕網友們的喜愛。國內音樂下載大部分是免費的，雖然一直受到「版權」糾紛的困擾，但參考國外類似糾紛的案例，未來結合電信、網站與唱片公司，應可以協調出一套讓彼此可以互利的營收分配模式。中國國內有許多音樂搜尋與下載網站，其中大部分以免費形式；而將樂曲結合手機的鈴聲下載是備受歡迎的專案，也是能夠收費的有效模式之一。

三、戲曲、舞蹈、劇團

歌星拍攝MV，劇團發行錄影，舞團拍攝演出實況，都是以影片的形式，來製作與發行；這些原本需要親臨現場觀賞的表演，礙於演出時間與空間的限制，讓觀眾大為受限，進而讓叫好或叫座的曲目或舞台劇，有機會被轉拍成錄影帶來發行，如此大大增加觀賞的受眾，也為演出團體增加效益。由於有了影片，讓這些表演藝術得以用影片的形式廣泛地在網路流傳。

但值得注意的現像是：現在更由於攝影機、相機及手機的普及，而這些硬體設備一般都附帶有影片錄製功能，讓短片的拍攝十分簡便；隨處有精彩的畫面，立即可以捕捉下來，馬上可以上傳到影片播放的網站，向大眾公開，由於隨處可得，輕鬆有趣，往往引來大量的點閱率，受歡迎的程度不下於專業拍攝的影片。這些業餘的戲作，加上電影、戲曲、電視節目、MV的上傳，讓線上觀賞影片的網站普受歡迎，連帶地也促成線上影音網站的蓬勃發展，網友既是觀賞者，也是供應者。

著名演出團體一般會有自己的網站來發佈訊息，錄影帶可以透過網路書店或商城來發行販售，現場演出的門票也可以透過網路訂票網站來發售。

四、文學

網路上大量免費文學作品來自「部落格」的內容。閱讀部落格是不用付費的，熱門部落格的主人，常會被出版社相中，結集成冊，成為暢銷的網路作家。網路對文學的創作影響深遠，隨著網路Web 2.0時代的來臨，共用與共創成為網路資源的發展模式，使用者從單向的個人網頁轉變成雙向回饋的部落格（Blogs），集體創作成為Web 2.0時代的特徵之一。

而網路文學的發展，目前最受矚目的是數位出版，特別是「電子書」的製作發行。這種利用閱讀軟體，線上出版、發行、銷售的「電子書」備受各界的關注。特別在全世界最大的「亞馬遜」書店，推出電子書閱讀器大獲成功之後，未來利用「電子書」在網路出版、販賣、閱讀、下載如同明日之星，被視為下一波的熱門網路商品。

五、影片

網路上很容易找到許多電影與電視節目的影片，唯一缺點是播映的時間會稍微落後於影片上市時間。但由於片子繁多，搜尋方便，而且自由挑選時間觀看等便利性，廣受網友喜愛；再加上結合家庭影院設備的普及，讓在家看電影的情境越來越逼近電影院。影視公司也會利用網路書店或網路商城來發行錄影製品，利用部落格來製造評論引發關注，甚至透過網路來販賣電影票或提供折價券；目前也有網路電影院，提供許多免費或付費的電影，可供線上或下載觀看。

【行業報導】網路與藝術傳播革命

作為一種新的藝術空間，網路集中了藝術傳播領域的視覺、聽覺，甚至感覺於一身。以往的藝術傳播中，通過報刊、雜誌接觸到的作品不具備可聽性，在感官上只能是最普通的具有共性的東西。網路藝術傳播則不然，國外有人曾將一些感測器連在人的身體上，根據螢幕上的提示，人的身體也出現了相應的感受，可見，網路所具備的技術上的特質使其在藝術傳播中充當了多面的角色。基於其資訊容量大，傳播內容涉及面廣的特點，網路可以傳播音樂、戲曲、舞蹈、美術、影視及文學等幾乎所有藝術形式的作品，對藝術作品的創作和欣賞，提供了一種新的活動空間。

作為一種新的藝術空間，網路具有其特有的交互性，從而使藝術作品在傳播中能夠同時滿足眾多個性化的要求。通過電子版的「讀者」、「留言簿」、「互動電視」等眾多交互性欄目，受眾與藝術傳播者呈現出一種交互性的互動關係。

此時，受眾人群對於個性化的作品要求越來越多，同時，每個作品的受眾人群也越來越小。

網路傳播對藝術表達的語言革命，將促進傳統藝術媒體的再造和轉型。傳統藝術媒體與網路相融合而產生的新型傳播形態又刺激創作者產生各種新的藝術作品的表現形態，如我們今天所看到的網路文學、網路音樂。將來，還會出現在網路引發下的藝術創作動機，產生新的藝術作品。[1]

第二節　如何進行電子商務

一位藏家在國外收到一封電子郵件，是由畫廊發來的一封展覽的電子邀請函。於是他連上該畫廊的網站，進一步瞭解該藝術家的背景及這次展出的作品相關資訊，並從中選擇幾件作品。為了瞭解該藝術家目前的行情，透過拍賣資訊網站，查到了有關藝術家近期的拍賣成交紀錄。接著透過網路電話給畫廊老闆進一步詢價，最後雙方達成共識，敲定價格。藏家不久收到畫廊的電子確認單，透過網路銀行的跨行匯款，支付了畫款，畫家的作品在開展之前已經完成了交易；只要等畫展結束，畫作立即可以交付，這就是電子商務。

電子商務（e-Commerce）就是借助於網路的技術，透過電子交易手段，來完成金融、商品和服務的價值交換，快速有效地達成交易的新方法。為了讓電子商務能夠順利運行，一般必須解決資訊流、金流與物流，而網路交易更依賴於彼此間的誠信，當然這一切還是得在合乎法律規定下來運行。

[1] 節錄自李文倩、滕青，《互聯網與藝術傳播革命》，見《北方論叢》2003年第2期

圖19：電子商務關聯圖

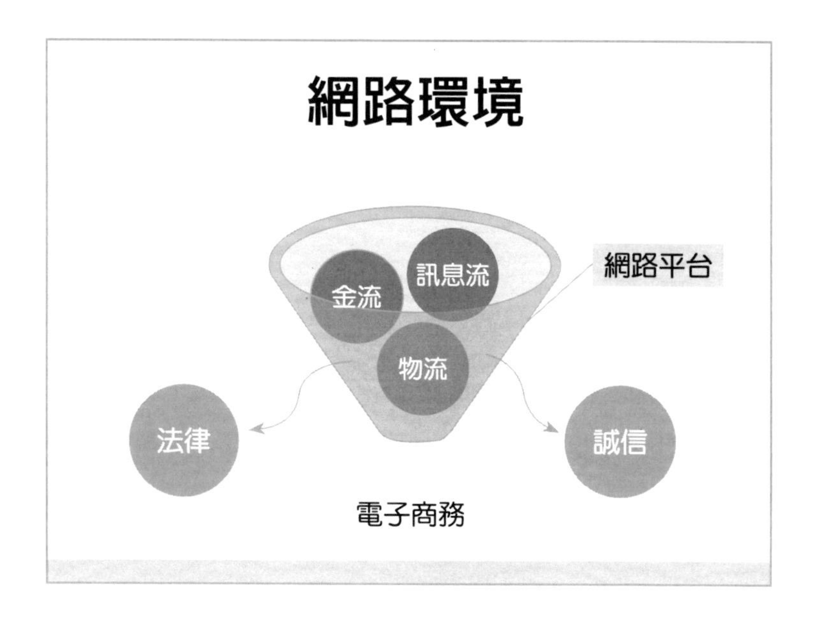

一、信息流

藝術作品從藝術家本身的創作初衷、作品的介紹、評論家的導讀、媒體的報導、名人的推薦、拍賣會紀錄……等等，網路可以充分發揮其提供資訊的優勢，鉅細靡遺，結合圖片、文字、動畫、短片、音樂以多媒體的方式來呈現，這就是資訊流。在網路上提供豐富的資料，有助於讓消費者能夠充份、快速的解答心中各種的疑慮，促其趕快採取購買行動。

資訊流在電子商務中是最為豐富多彩，消費者很容易對中意的藝術品通過各種網站來獲取。豐富的資訊包括：

1.作品資料

藝術家的學經歷，作品相關資料，很容易從藝術家官網、代理畫廊、藝術家資料庫來查詢；而藝術家創作的主張、心情故事、日常活動紀事，也可以從個人部落格來一窺究竟。

2.作品行情

藝術家的作品行情，從網路上的交易紀錄來瞭解。這些價格可以參考拍賣會網站成交記錄、線上畫廊的標價及電子商城等相關價格資料。

3.作品評價

對於藝術創作的解讀、評介、心得，可以從網路上的批評家的「部落格」、電子媒體的藝術報、網路社群的討論話題……等多方面來搜尋。

4.作品交易

網路不止提供「我要賣」的資訊，也張貼「我要買」的資訊；通過藝術專業網站、電子商城、線上拍賣……都可以挑選藝術品，實際操作，進行網路交易。

二、金流

一但買家下單，執行購買，便涉及付款的問題，在確保交易安全的情況下，能夠讓買家順利線上匯款，網上支付是電子商務發展的核心工程。

目前主要線上交易，後續的款項支付的方式有以下幾種：

1.網上刷卡

這是目前全世界最普遍的網上付款方式，經由銀行發行的各種的銀行卡包括信用卡、現金卡……等，進行網上刷卡付款。

2.線上貨幣

這是在特定的網站，商家與消費者約定的數位化貨幣，先由消費者購買商家專屬的數位貨幣，供未來在該網站上消費時使用。

3.支付平台

網上支付的協力廠商支付平台，買家下單先付款給協力廠商支付平台，等買家收到商品無誤後，再通知支付平台付款，透過協力廠商來確保交易安全。目前在國際使用的paypal（https://www.paypal.com）可以代為結算來自不同國家的貨幣結算，而中國國內的支付平台則以「支付寶」（https://www.alipay.com/）為其中代表。

4.網路銀行

透過各家銀行開辦的網路銀行服務，消費者在銀行開戶申請之後，利用銀行特別的軟體，可以自行在個人電腦上網進行帳戶查詢、跨行匯款、異地轉帳等等金融業務，十分便利。

5.貨到付款

由運送人或發貨單位代為收款，目前一些網路公司，結合地方的送報系統或者快遞公司，經常會採取這種貨到付款的方式。

6.取貨付款

由賣方與一些大型連鎖店系統合作，在買家下單之後，選擇臨近的商店，賣家先將貨品寄送到買家指定的商店，然後再通知買家上門取貨付款。

7.ATM轉帳

ATM是 Automatic Teller Machine 的縮寫，是銀行的自動櫃員機。利用銀行分佈在各地的ATM機器，直接進行轉帳付款，依照賣方提供的匯款帳戶，直接由ATM轉帳付款。

8.當面點收

對於一些C2C網站，亦即是消費者對消費者自行交易的網站，通常也會讓交易的雙方自行約定地點，然後面對面協商，一手交錢，一面交貨。

三、物流

當網路交易完成，除了能夠直接從網路下載的商品之外，不管是藝術品、書籍或票券，均必須考慮商品如何安全地、順利地、及時地運送到買家的手中，這就是電子商務對物流的規劃。

有效的運輸系統，保障電子商務最後完成的一道關卡。目前所謂的「滑鼠加水泥」行銷方式，就是指這種：在交易的前半段經由網路的電子單證來完成訂購（滑鼠作業），最後再由人員派送的方式來運貨收款（水泥工程）。

目前網路購物，後續物流的處理方式有以下幾種形式可供參考：

1.線上下載

有些商品是可以透過網路直接交付的，比如線上音樂、線上影院、電子雜誌、電子書、電子報……都能直接從線上交付，只要消費者付款完成交易，就能直接從線上觀看或者下載所訂購的電子商品。

2.貨運交付

透過全國的郵政系統、鐵路運輸、貨運公司，將網路所訂閱的商品運交消費者手中。

3.地方派送

網路書店經常使用，由於當地報紙幾乎是挨家挨戶地在送報，因此很多網路書店或線上商城，就會與其結合，提供送貨到家服務，甚至也會兼收貨款。

4.便利商店取貨

台灣地區由於便利商店到處林立，而且全年不休、24小時營業，因此目前也代理一些網路公司收款的服務，讓買家將網路所購買的物品寄送到指定的便利商店，然後買家再自行到店、取貨、付款。

5.自行取貨

對於線上拍賣公司，特別是先取得拍品再代理網路拍賣方式的公司，通常會要求買家競拍成功之後，先到公司看貨、驗貨和自行取貨；這對一些網路畫廊也是經常使用的運作方式。

四、誠信機制

世界級的拍賣網eBay，它的創始人Pierre Omidyar認為：「eBay有1.5億的用戶，理想的來說，就是1.5億個人學會了如何相信陌生人。」

雖然網路是個虛擬的世界，但有一樣卻必須要求真實，那就是「誠信」，特別對電子商務，買賣雙方幾乎必須建立在互相信賴的基礎上，才能進行交易，所以在虛擬世界，信譽更加重要。目前許多著名的交易網站，對買賣雙方都會有信用評定紀錄，在交易完成之後，經由買賣雙方相互為這筆交易打分數、寫評比，做為其他網友的參考；甚至目前有專業的網站成立所謂「誠信通」（http://trust.alibaba.com.cn/ys1.shtml），替每位會員進行真實身份的資料審核及交易評比的記錄工作，希望藉由這種誠信機制的建立，進一步提高電子商務交易的安全。

藝術市場上的評價，可以多方參考不同層面的評價，比如：

1.專家學者

藝術評論家的文章一直是藝術作品重要的評論及推介參考，能得著名藝評家的青睞予以撰文評價，對作品無疑是一項難得的嘉勉，也更有助於讓作品獲得更多的關注。所以批評家的部落格文章有其參考的價值。

2.專業媒體

一些國家核心的期刊，影響力大的專業媒體，如果有其專篇報導，如同對藝術多一份肯定，不僅能大為提升知名度，對市場的推廣自然多一分助力。其他各種網路媒體、電子報的推介，也都是評價的來源。

3.消費者反映

網路讓廣大的消費者能夠暢所欲言，自由發聲。以往曠日費時的「口碑」，如今透過網路的傳播，速度加快了，聲音變大了，所謂「眾口鑠金」，群眾的力量，在網路不能等閒視之。因此對網友的部落格專文，對活動的線上留言，對社群的發燒話題，都是形成口碑的重要來源。

4.演出與收藏單位

作品在國家美術館展出、在國家劇院演出、被重要藝術機構收藏，對藝術家及演出團體都是一份榮耀，無形中被視為獲得這些重要機構的認可與肯定。搜尋藝術家及團體的藝術簡歷、活動訊息，有助於瞭解其誠信度。

5.拍賣紀錄

對於藝術品如果能夠在國際及國內重要拍賣會上流通，更富於藝術品被收藏的價值；能成為拍賣會的拍品，其背後的意義，讓藝術不僅僅只是個人好惡的主觀消費，更增加可以公開流通的商品價值。因此拍賣紀錄、拍賣訊息、拍賣表現也是藝術品消費評價的重要指標。

6.交易紀錄

一些提供交易平台方式的網站，均會有買賣雙方歷史交易紀錄及交易後的評價；但由於雙方都是虛擬的身份，這些記錄有可能被刻意製造，因此不妨多方驗證這些訊息。許多交易網站業者，目前開始展開驗證賣家的工作，透過對賣家真實身份的驗證措施，希望藉以提高網路交易的安全。

透過以上幾個方面的評估，有助於更客觀的來評定藝術品是否值得交易，並增加交易過程的安全。

【行業報導】什麼是「誠信通」？

一般阿里巴巴免費會員和收費會員使用的軟體都叫阿里旺旺（貿易通版），其中付過一定費用（2800元／年）的企業就叫誠信通會員。

首先，誠信通指數是僅提供給誠信通會員的一項服務。對於沒有經過身份認證的普通會員，將不能擁有該指數。作為誠信通會員可以從網上看到買家的採購資訊並線上跟客戶交流。

誠信通指數是阿里巴巴在誠信通會員的「誠信通檔案」基礎上推出的一套評分系統，旨在塑造更加誠信的市場氛圍。目前由A&V認證，證書及榮譽，會員評價，經驗值等構成。誠信通指數會不斷豐富，不但會包含信用度，還會囊括活躍度等資訊，它將成為會員瞭解客戶的一個重要參考指數。

圍繞以上所述因素，誠信通會員可以通過主動展示自身的信用等資料、提高資訊透明度來提高誠信通指數。因此會員的誠信通指數越高，越容易獲得買家的青睞。[2]

五、法律規章

法律是網路交易發生糾紛時的最後一道保障。但是一般法律規章往往落後在科技發展之後，網站的發展迅速，網路交易越來越普遍，相形之下衍生的糾紛也越來越多，各國雖然加強立法，但總是緩不濟急，經常纏訟數年，最後的判決，才形成判例；以藝術品市場而言，在網路交易，經常會涉及以下的法律問題：

1.智慧財產權保護問題

網路的發展，一直在挑戰智慧財產權的保護底線；由於網路自由、公開、容易下載、方便複製的特性，使得網路發展迅速，但是跟隨而來的是，如何保障這些資料、文章、作品的版權問題，一直備受爭議。

---

[2] 節錄自百度知道《什麼是誠信通》2007年5月5日，網址：http://zhidao.baidu.com/question/24727164.html

網路可以使人們最大限度地共用資訊資源，身處網路中，你會發現，網上的作品，諸如音樂檔、影片檔、文字作品、美術作品、演出錄影……等等網路資源，幾乎是隨處可得。網路的興起給人們帶來極大的便利，但越來越嚴重的侵權行為，卻給藝術原創者及版權所有者造成莫大的損失。

網站經常以提供免費的網路資源來吸引人潮，特別是擔任搜尋引擎任務的網站。經由搜尋的結果，如果所連接的網站違法了，那麼負責提供搜尋功能的網站，是否應該連帶地負起侵權責任？因為強大的搜尋功能，往往是網路資訊傳播紛爭的源頭。面對這種問題，以搜尋功能為主的網站，如國外的谷歌與國內的百度，都曾經面對類似侵權的指控。而每次判決的結果，就成為網路判例的參考，再者透過官司中陳述的理由，不斷地修正網站的服務內容，也帶動了網路科技進一步的發展。

對於藝術市場而言，智慧財產權的侵權問題，這項挑戰更大。特別是當代藝術創作發展至今，習慣以成品來竄改、複製、引用，往往導致的爭議更多。

基於對網路糾紛的解決，中國第一部網路著作權行政管理規章《網路著作權行政保護辦法》於2005年5月30日起正式實施，對網路版權的保護起到重要作用。儘管如此，未來要解決的問題仍舊很多，網路的新技術的發展與新的運營模式，將給版權保護持續帶來新的問題與挑戰。

【行業報導】中國藝術立法的現狀

中國與藝術有關的立法主要分佈民商法、經濟法、刑法三個領域。民商法系統中主要有《民法通則》、《物權法》、《合同法》、《擔保法》、《著作權法》、《商標法》和《公司法》。經濟法體系中主要有《拍賣法》、《反不正當競爭法》、《消費者權益保護法》、《稅收徵收管理法》、《個人所得法》、《企業所得法》、《公益事業捐贈法》、《勞動法》、《文物保護法》。刑法主要是《刑法》第二百一十七條和第二百一十八條及妨害文物管理罪的規定。

除法律之外，中國尚存在大量的行政法規來規範藝術領域的活動。主要行政法規有：《傳統工藝美術保護條例》、《印刷業管理條例》、《進出口關稅條例》、《著作權法實施條例》、《資訊網路傳播權保護條例》、《公共文化體育設施條例》、《著作權集體管理條例》、《水下文物保護管理條例》、《文物保護法實施細則》、《文化事業建設費徵收管理暫行辦法》、《出版管理條例》。

主要的部門規章有：《美術品經營管理辦法》、《藝術檔案管理辦法》、《文物進出境審核管理辦法》、《文化產品和服務出口指導目錄》、《文化市場行政執法管理辦法》、《網路著作權行政保護辦法》、《文化市場稽查暫行辦法》、《文化行政處罰程序規定》。[3]

[3] 節錄自趙書波《中國藝術立法的現狀》2009年2月23日網址：http://blog.sina.com.cn/s/blog_5eb0bc130100c54y.html

2.網站內容管理問題

關於網站內容是否合法，究竟是藝術還是色情，對藝術家而言，在實體世界面臨的創作問題，一直延燒到虛擬世界來。儘管法律已經有明文規定不能散播色情的法條，但是何謂色情網站？關閉色情網站的標準是什麼？在網路色情的執法上，在藝術領域裡，就多增添一分難度。色情的界限在哪裡，由誰來判定，執法機關有能力判定嗎？縱使認定為屬於色情的內容，接下來的問題是，誰應該負起責任來？因為將資料上傳者，往往不是作品的創作者，而刊登者與連接指向者，也經常含混不清，這些網路實際的狀況，都會增加執法與管控的困難。

3.線上作品真偽問題

藝術品的真偽在現實世界就存在許多困難，在網路上，只能憑籍文字說明與圖片展示來辨識，更增加分辨真偽的難度。目前有許多古物交易網站提供線上鑒定的服務，但由於不涉及買賣交易，風險仍由雙方自行負責，對實質交易說明有限。網路詐騙的案例隨著電子商務的大幅成長，糾紛越來越多。台灣網路購物有一則條文規定：消費者有7天的鑑賞期。也就是消費者在收到從網路上購得的商品，在七天內，只要買家不滿意，可以退貨。

所謂「七天鑑賞期」規定見於台灣消費者保護法第十九條：「郵購或訪問買賣之消費者，對所收受之商品不願買受時，得於收受商品後七日內，退回商品或以書面通知企業經營者解除買賣契約，無須說明理由及負擔任何費用或價款。郵購或訪問買賣違反前項規定所為之約定無效。契約經解除者，企業經營者與消費者間關於回復原狀之約定，對於消費者較民法第二百五十九條之規定不利者，無效」，立法目的是因為消費者無法真實觸摸到貨物，為保障消費者權益才有這樣規定。這項規定，無形中解決了部分因為商品不盡人意時的問題處置。

4.數位簽章的有效性

在中國《中華人民共和國電子簽名法》（以下簡稱《電子簽名法》）已於2005年4月1日起施行。《電子簽名法》初步建立起的資料電文、電子簽名、認證服務三項制度，為目前亟需規制的電子商務交易構建了最基本的規則框架；寄件者收到收件人的收訖確認時，資料電文視為已經收到。但是《電子簽名法》所確立的此項確認收訖規則存在到達時間指稱不明、效果不清的問題，致使與收發時間規則在適用上產生衝突。

確認收訖規則屬於資料電文效力規則中補充性的任意規範，其與資料電文收發時間規則間的適用界限以及確認收訖的法律效果應予明晰。[4]

5.訴訟管轄權

一旦有版權糾紛發生時，選擇管轄法院，是侵權得到司法裁判的前提。按照傳統理論，對於侵權案件，被告住所地和侵權行為地人民法院均具有管轄權，侵權行為地又包括侵權行為實施地和結果地。[5]然

---

[4] 參考於海防、姜灃格《論「電子簽名法」上的資料電力效率法則》煙臺大學學報，網址：http://www.cyberlawcn.com/Get/llyj/dzzj/20070625679.htm，2007年6月25日

[5] 參考根據中國民事訴訟法的規定，因侵權行為提起的訴訟，由侵權行為地或者被告住所地人民法院管轄。又根據1992年《最高人民法院關於適用〈中華人民共和國民

而由於網路空間的虛擬性、跨地域性，在網路世界發生的侵權行為，其侵權行為地可能在虛無縹緲的網路間，其侵權的後果可能遍及所有網路可以連接的地方，這些特點給判斷該類侵權行為的實施地和結果地帶來了巨大的困難。

如何因應網路的特性，主張在一定條件下，以原告住所地人民法院對往來著作權侵權糾紛案件享有管轄權，方能有效進行司法救濟。[6]

【案例報導】五大唱片公司訴百度終審敗訴

新浪科技訊　12月21日上午消息，此前沸沸揚揚的國際唱片公司訴百度一案，於昨日宣告塵埃落定。北京市高級人民法院做出終審判決，駁回國際唱片業聯盟（簡稱IFPI）五家唱片公司全部訴訟訴求，百度不侵權，不承擔賠償責任。

據悉，此番北京市高級人民法院的判決是終審判決，立即生效，各方均不得上訴。從2005年7月七大國際唱片公司提出訴訟至今，此案歷時兩年半。這樁備受關注的為保護音樂版權而發起的官司，也以敗訴告終。

事訴訟法〉若干問題的意見》的規定，侵權行為地，包括侵權行為實施地、侵權結果發生地。

[6] 趙浩《網路著作權侵權糾紛案件管轄權的確定》法制與社會第8期2007年9月20日，網址：http://www.cyberlawcn.com/Get/llyj/zscq/20070921960.htm

有相關人士指出，百度取得官司的最終勝利可謂破費周折。兩年前，百代、華納、環球等七家國際唱片公司首次將百度告上法庭，理由是百度在搜尋網頁面上提供了部分未授權的MP3下載連結。百度方面對此辯解稱，責任在於提供盜版音樂的網站，而非搜尋公司。

後來迫於壓力，百度MP3搜尋「悄然變身」，不再是右鍵直接下載歌曲，而是在彈出頁面中點擊歌曲連結或搜尋來源連結再行下載，並且在彈出頁面上加了段版權保護聲明稱，「當權利人發現在百度生成的連結所指向的協力廠商網頁的內容侵犯其著作權時，請權利人向百度發出『權利通知』，百度將依法採取措施移除相關內容或遮罩相關連結。」

據悉，百度該措施正是迎合去年7月開始施行的《資訊網路傳播權保護條例》。該條例規定，「網路服務提供者提供搜尋、連結服務的，在接到權利人通知書後，立即斷開與侵權作品的連結」可免除賠償責任。（2007年）[7]

第三節　網路行銷的作業流程

藝術品的網路行銷，是整體行銷戰略的一環。在市場行銷理論的框架下，以藝術家或藝術團體的立場為考量，可以將網路行銷作業流程歸納成以下八個步驟：

[7] 參考中國網路法律網《五大唱片公司訴百度終審敗訴》，網址：http://www.cyberlawcn.com/Get/xw/20071221540.htm，2007年12月27日

圖20：藝術網路銷售作業流程

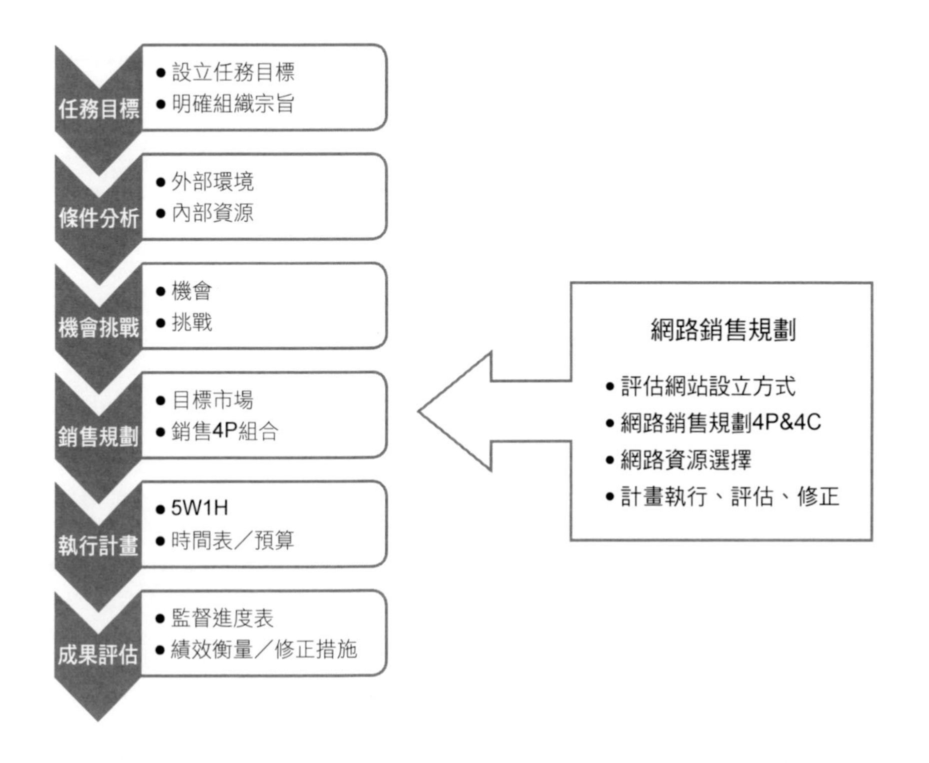

步驟一　明訂行銷目標

行銷計畫的擬定，宜採目標管理的精神。目標訂定可長可短，可大可小。

藝術家可以設立長期性生涯奮鬥的目標，也可以規劃階段性的展覽任務。目標的擬定，貴在清楚、可衡量、有達成的可能性。

步驟二　分析環境資源

從事藝術創作或藝術品經營的團體或個人，無法脫離大環境在現實面的影響，特別是藝術市場的榮枯更是與經濟的景氣與否息息相關。何況，一般從事藝術品供給的組織規模都不大，必須善用現有的資源，在有限的人力、物力來進行行銷規劃。

1.大環境分析

數位時代來臨，在實體市場與虛擬市場是互為影響的；金融海嘯造成的災難不止會對全球實體經濟發生衝擊，對跨越空間的網路世界也一樣帶來巨大的傷害。因此在擬定網路市場策略時，同樣地必須留意周遭環境的變化，包括：經濟、政治、法律、社會、教育水準、人口結構……等等的改變，包含新科技的發展。網路行銷規劃時，必須對環境因素保持高度的警覺性。

2.小環境評估

主要是評估機構本身能掌握的資源，包括組織、人員、器材、經費與執行各種任務的時間考量。在藝術市場中活動的個體，一般都是屬於一種小眾團體，多數規模不大，有時甚至是個體行為，因此如何在有限的資源下運作，更是一大挑戰。

步驟三　列出機會點與問題點

評估外在環境與內在資源，明確存在的機會，與面臨的問題，採取書面表列的方式，一一明確的書寫下來。進一步運用SWOT（機會、威脅、優勢、弱點）的思考方式，來擬定策略原則，決定是否應該採積極進攻，還是保守防禦路線，以充分掌握優勢與機會，避開威脅、解決問題。

表21：策略分析

進攻策略	景氣好、市況佳、自身條件優	設立網站、積極作為、全方位發展
多元策略	市場回跌、自身條件有優勢	多元化產品經營、多路線分攤風險
扭轉策略	市場蓬勃發展、自身條件不足	加速彌補不足之處，積極市場運作
防禦策略	市場低迷、自身條件處於弱勢	多熟悉網路資源、不急於擴展交易

步驟四　選擇目標市場

在浩瀚的網路市場中，必須選擇主要的目標市場，瞭解目標市場的屬性，對目標市場的消費者分析其需要與欲求，進一步規劃相關的配套措施。

網路的空間雖然跨越國界，但是「語言」卻是不能忽視的障礙；目標市場的界定，有助於後續電子商務的執行，因為最終大部份商品還是得考慮後勤支援的地域性問題。

藝術品流通的區域如果想要跨入國際，那麼除了本國語言的陳述之外，還得有多國語言表達的設計與考量。因此網路行銷，不妨先界定目標市場為：

1.中國國內市場

語言與內容的表達，必須考慮中國國內的習慣；在網站的網域名稱設定，需要用英文標示時，也應以中國國人簡單、好記為原則；在選擇網路資源，也應該從中國本土的網站出發，優先選擇中國國內高人氣的網站做為合作的對象及操作的平台。

2.國際市場

如果有心要經營國際市場，當然必須好好規劃多國語言的網站內容，自然應以世界最大的那些知名網站為優先順位，深入研究瞭解，並積極關注與參與應用。

步驟五　評估網站設立方式

網路行銷可以設立獨立的網站，也能夠分享其他網站的資源，這兩者可以選擇其中一個，也可以同時運用，主要考量自身的條件。

1.設立獨立網站

當考慮設立獨立網站時，首先要決定網路經營模式。先弄清楚到底為何要獨立成立這個網站，希望達到何種目的。一般設立獨立網站，希望達到的功能有以下幾點：

(1)資料的刊登

詳細刊登藝術家或藝術團體的藝術資歷。充實的作品資料、圖片、說明、相關的藝術評論及媒體的報導，力求讓資料豐富、正確、完善，而且能夠持續不斷的更新。

(2)活動的報導

藝術家的各種活動、藝術團體的各項演出、最新的作品發表，讓網友們能夠隨時掌握最新的藝術動向與活動訊息。

(3)收集會員資料

建立來訪網友的資料，想辦法讓他們加入會員；利用會員通訊、活動的邀請、演出的優惠，有效地來運用與管理會員資料。並且透過留言版，勤與會員雙向互動，增進情感，累積一批最忠實的主力消費群。

(4)開發電子商務

對於各種活動演出或者作品展銷，可以在網上設立購買意向書，甚至規劃全套電子商務作業流程，直接線上銷售、完成交易。

獨立藝術網站的設立，一般採取與藝術家或藝術團體同名的方式來命名網站名稱；至於如何提高人氣，刺激來訪的網友持續關注你的網站，便是長需期要努力經營的任務。

2.使用共用空間

如果礙於人力物力的不足，無法設立獨立的網站；那就必須考慮運用已經存在的網站所提供的各項功能，來達到網路行銷的效果。

目前網路可以提供的功能主要有以下幾種：

(1)展示功能

為了提供藝術家或藝術團體的基本資料，線上展示作品，可以利用網站提供的「部落格」空間來記錄創作歷程、進行網路展覽；目前可以展示的內容除了文字之外，圖片、攝影、錄影、動畫都可以做線上觀賞。

(2)交友功能

網路的虛擬空間，按地區、偏好、主題……，等等不同的屬性，形成一個個色彩鮮明的「虛擬群組」，加入這些群組，如同找到志同道合的朋友，有共同的話題、分享心得、交流活動訊息。加入群體有助於與網友的互動與聯誼。

(3)交易功能

如果要將藝術品進行網上交易，可以利用網路商城，設立網路商店進行交易；也可以將作品交付網路拍賣網站，加入競拍；如果是演出團體，也可以透過票務訂購網來發售門票。這類交易網站，有些可以進一步完善市場相關配套措施，比如線上收款、後續運送等商務服務，值得應用。

(4)資料庫功能

對於以藝術、戲劇、電影等專業主題型的網站，通常會建立大批藝術家經歷及作品的資料庫，或者是最新活動訊息清單，並提供站內搜尋功能；不妨主動提供訊息給這些網站，提高讓有興趣的網友接觸與認識的機會。

(5)宣傳功能

電子報、電子雜誌、電子書……越來越普遍，電子新聞已經成為網路主要的熱門服務之一；一般傳統媒體，紛紛加入電子化的行列，線上的報導、新聞、圖片，被點擊閱讀的機會越來越高，相對於日報、週刊、每月出版的雜誌這些傳統媒體，數位出版跨越時間的障礙，不僅可以在網上搜尋到最新的消息，也可以按主題找到有關的相關報導；因此不妨定期或配合活動資訊的發佈，主動發稿給這些電子媒體，擴大宣傳的效果。

(6)市調功能

網路上為了增加趣味性，會額外提供一些有趣的功能，比如「打招呼」，線上聊天，甚至是「投票」活動。以投票功能來說，事實上就是一種很好的線上市場調查；不管是對時事的看法，對作品的意見，閱後心得的回饋，都可以舉辦網路投票來瞭解網友們的態度。

【網路調查】

問題：對於可以更自由地欣賞和詮釋作品的觀念，你能認可抽象藝術嗎？

調查結果：

1.不行，還是接受不了：	20人	占12.99%
2.可以，換個角度來欣賞：	116人	占75.32%
3.其他想法：	18人	占11.69%

點閱數：574次

參加調查人數：154人

調查日期：2009年6月21日（7天）

網站：地圖日記http://www.atlaspost.com/landmark-1480318.htm

步驟六　擬定網路行銷組合（4P&4C）

隨著數位時代的來臨，「整合行銷」的概念被廣泛的應用。特別是美國勞特朋（Robert F.Lauterborn）教授針對網路行銷提出的「4C」理論，強調應以消費者（consumer）的需要為核心，評估滿足其需求時所願意付出的成本（cost）來作為定價的參考，提供的通路也應以使用者的立場來規劃如何增加便利性（convenience）、甚至必須考慮雙向溝通（communications）的立場而不是一味的促銷，以此觀念來擬定網路行銷的整體策略。

市場行銷組合中的產品、價格、分銷、促銷（4P）是手段，以消費者、成本、便利、互動（4C）是網路行銷希望達成的目的，4P與4C是相通的；換言之，產品策略是讓客戶滿意的手段，價格政策就是使消費者客購買的成本降低，分銷是為了實現顧客購買的方便，而促銷的本質就是資訊的溝通。

茲將網路時代，藝術的4C與4P的結合應用，說明如下：

1.消費者（Consumer）

創作者思考作品的隱藏性讀者是誰？藝術仲介者更需要以消費者為核心來進行規劃。何人是要訴求的對象？這些人群居在網路的哪些網站裡？

2.成本（Cost）

如何以更低廉的成本來進行網路行銷，有哪些免費的資源可以運用？又有哪些上下游資源可以相互整合、共同合作？

3.便利（Convenience）

如何讓網路購買更加便利？只要讓消費者動動指頭，購買、付款、收件更加簡單容易進行。

4.互動（Communication）

如何更及時有效的與消費者來溝通，透過網路展覽、部落格群組、論壇議題、網路媒體……，來達到推廣與交流的效果。

藝術網路行銷，必須結合4P與4C的概念，從消費者的立場來詮釋作品，不斷改善流程，設法讓需求者的取得成本能夠最低，再者便捷地讓消費者能夠閱覽所需要的資訊，並進一步安排各種方便購買的管道，讓消費者隨時可以與供給者產生互動來增進彼此的理解與友誼，促成消費。

步驟七　運用網路資源

網路資源豐富，往往既低廉又便利。縱使已經成立獨立的個人網站，也可以同時運用這些網路資源。在網站上，這些能夠提供藝術市場相關功能的平台，大致可以歸納成以下六種資源平台：

1.資料平台：

包括新聞網站、門戶網站、部落格網站、專業網站、展覽網站、網路美術館……內容有大量的資料，通常還會提供讓網友自行上傳資料的功能。

2.交易平台

舉凡網路商城、拍賣網站、網路書店、網路影院、線上售票網、網路畫廊……，專門提供網路供需資訊、促成網路交易為目的。

3.協作平台

涉及網路銀行、網上支付、網路物流、法律網……等等，以協助線上交易的上下游配套功能網站。

4.宣傳推廣平台

以網路媒體、電子雜誌、電子報、網路新聞、網路電視、視聽網站、聊天室、社群網站……等，可以提供電子媒體宣傳及聯誼交友的功能。

5.搜尋平台

搜尋網站、入門網站、比價網、好康網……，以強大的搜尋能力為功能的網站。

6.工具平台

範圍非常廣泛，含括軟體網站、翻譯網站、素材網站、圖片網站、網路電話……以支援網站建設及網路交易所需的工具型網站。

懂得利用網路資源，篩選合適的網路平台，能夠讓網路行銷花費最少、收效最大。

【行業報導】網路平台參考

一、資料平台

1.新聞網站：新華網（http://www.xinhuanet.com/）

2.門戶網站：新浪網（http://www.sina.com）

搜狐網（http://www.sohu.com）

3.部落格網站：博克網（http://www.bokee.com/）

網易博克（http://www.163.com/?frompersonalbloghome）

4.專業網站：雅昌藝術網（http://www.artron.net/）

5.網路美術館：雅客藝術網（http://www.yahqq.com/）

二、交易平台

1.網路商城：淘寶網（http://www.taobao.com）

2.拍賣網站：eBay（http://www.ebay.com/）

3.網路書店：卓越亞馬遜書店（http://www.amazon.cn/）

當當網（http://www.dangdang.com）

4.網路畫廊：華氏畫廊（http://www.hwasgallery.com/newweb/index.asp）

三、協作平台

1.網路銀行：招商銀行（http://www.cmbchina.com/）

2.網上支付：支付寶（http://market.alipay.com/alipay/promotion/index.html）

3.網路物流：聯邦快遞（http://www.fedfx.com）

4.城信網：誠信通（http://trust.alibaba.com.cn/index_m.shtml）

四、宣傳平台

1.網路媒體：艾瑞網（http://www.iresearch.cn/）

2.電子雜誌：ZCOM電子雜誌（http://www.zcom.com/）

3.電子報：遠流博識網（https://www.ylib.com/bookinfo/paper1.asp）

4.網路新聞：聯合新聞網（http://udn.com/NEWS/main.html）

5.網路電視：PPS網路電視（http://www.ppstream.com/）

6.視聽網站：YouTube（http://tw.youtube.com/）

7.聊天室：騰訊聊天（http://www.tencent.com）

8.社群網站：Facebook臉書（http://www.facebook.com/）

五、搜尋平台

1.搜尋網站：Google（http://www.google.cn/）

2.入門網站：雅虎網（http://www.yahoo.com）

3.比價網：書籍比價網（http://findbook.tw/）

4.好康網：好康挖挖哇（http://www.digwow.com/）

六、工具平台

1.軟體網站：天空軟體站（http://www.skycn.com/）

2.翻譯網站：愛詞霸（http://www.iciba.com/）

3.素材網站：百萬圖庫（http://www.mypcera.com/photo/index.htm）

4.圖片網站：圖片庫（http://www.microfotos.com/）

5.網路電話：skype（http://www.skype.com/）

步驟八　網路行銷的管理與修正

網路行銷是一套講求效率的系統工程，也是一門需要發揮想像的創意推廣。在擬定網路行銷的戰術戰略時，得對虛擬市場充滿想像，而要落實具體行動計畫時，又必須好好鑽研網路資料，熟悉網路平台，善加組合應用。

藝術網路行銷在執行時，時常會面臨以下的困難：

1.資源不足：

藝術家或藝術群體，在有限的組織人力物力下，一方面要進行藝術創作，另一方面有要兼顧網路行銷的執行，在時間、人力的負荷深受挑戰；如果要委由專業的機構代為執行，額外的支出，對藝術家或藝術團隊也是一項負擔。

2.更新不足：

像部落格與群組，內容也必須不斷地更新，並且隨時與網友保持互動，這是一項必須常態持續進行的工作；相當耗費時間精神與體力。

3.技術的不足：

網路的世界變化很快，一項科技的發明，一個新的成功模式誕生，都會對現有的運轉造成很大的衝擊，因此必須與時俱進。但是，能否有足夠的敏感度去感受變化，或者有能力及時跟上新技術，時時得面對網路世界變動的挑戰。

網路行銷雖然有以上種種的困難，但是卻是無法迴避；應具備迎接挑戰的決心來面對。當網路行銷組合擬定之後，更必須仰賴後續的執行與有效的管理。提供下列幾種管理方法：

1.目標管理：

這是管理學上最有效率的管理方法之一；明確訂定整個團體或者藝術家的奮鬥目標，動員各種資源，來完成使命；對目標的描述要越明確越好，避免模糊化的字眼，用語簡潔扼要。

2.數字管理：

目標最好能夠衡量，可以數量化，如此更有助於評估與改善。比如說：今年要提高知名度，如果轉換成：要有100篇網路媒體及文章的刊載與報導，相對地目標就明確多了。

3.例外管理：

當一套網路行銷計畫付之執行之後，一般都維持常態的運行，當有例外狀況發生時，必須要勇於面對問題，努力解決。網路市場本身就是屬於發展時期，必須克服的問題很多，狀況時常會在意料之外，因此要有隨時處理異常狀況發生的心理準備，必須更頻繁的面對例外管理。

藝術網路行銷，是整體行銷策略的一環。在進行藝術品整體行銷規劃的同時，應同時將網路行銷納入規劃，善用網路資源，擴大藝術品市場行銷的成果。

【案例參考】《進行時》女性藝術展　網路資源考量與應用

網路資源考展覽可以運用網路來加強展覽的宣傳力度，延續展覽的後續影響。網路可以運用的資源豐富，包括：

1.網路媒體：

- 平面媒體：目前很多報紙、雜誌，紛紛成立網路版，不僅會報導展覽情況，也會有聯繫信箱，可以將展覽的新聞稿直接利用電郵發給媒體。
- 藝術新聞：許多藝術網站都有新聞的專門欄目，內容豐富，包含許多展覽的資訊，可以主動將展覽訊息及活動內容聯繫發佈。
- 藝術電子報：配合定期的電子報，提供展覽資料、詳實的圖文，針對目標客群，有效地透過電郵發放。
- 展訊發佈：一些藝術網站或者展覽網站，會提供自動登錄功能，利用網路固定的範本，填寫展覽資料，時間、地點、主題、參展人……等等基本資料。

2.網路展覽：

- 部落格介紹：藝術家的參展作品，策展人為展覽構想，評論家的藝評文章，經由個人部落格空間的刊登，有助於加強對展覽的關注與認識。
- 網路展廳：進針展出作品舉辦網路展覽，利用網站的展廳功能，詳細刊載展覽的文章、圖片，網路展覽一般沒有期限，可以延續展覽的影響力。
- 專屬網站：藝術家的個展、畫廊的展覽、藝術博覽會，每次展覽的資料都可以利用其官方網站完整的呈現展覽的構想、內容、實況及迴響。

3.電子邀請：

- 電子郵件：只要有名單，就可以快速的免費發放。不止是張簡單的邀請卡，還可以利用超文字的編排，讓原本是平面的文字信函，可結合動畫、音樂與超連結，大量的連接展覽的訊息。
- 手機簡訊：讓參展藝術家、策展人，利用手機簡訊來邀請，是最及時有效地邀請方式。收信者亦可立即回應，雙向溝通的效率很高，簡訊邀請唯一的缺點是內容受限，文字必須簡明扼要。

本次展覽動用的網路資源，匯總如下：

- 展訊發佈：利用展覽自動等錄系統發佈展訊，將展覽新聞稿利用電子郵件事前傳給媒體記者。
- 藝術網站：邀請網路新聞記者到場，對活動進行現場的採訪，將活動報導在網站刊登。
- 電子邀請函：統一製作彩色版的電子邀請函，供策展單位及參展藝術家大量地透過電子郵件來進行邀請。
- 展覽簡訊：撰寫展覽簡訊內容文字，請參展的藝術家們親自以簡訊來邀請親友，由於本次參展藝術家有三十多位，由於簡訊互動性高，往往邀請來的朋友，會有藝術家陪同，親自現場解說，效果良好。
- 網路展覽：策展人利用其部落格，將展覽的源起，及參展作品圖片選登，沿續展覽的後續效果。

第七章

藝術運用網路行銷實例

網路作為一種新興的科技，本身就需要一定的專業知識要求；相較於隨之發展起來的網路藝術市場，更具備一定的技術含量。要成功的運用網路來推廣或銷售藝術作品，便必須熟悉網路操作能力。

對於已經習慣於傳統市場的藝術家，要進入網路世界，如同學習一門新技藝，要用足夠的耐心與企圖心，以積極的態度虛心摸索，才能一窺網路寬闊的殿堂。

藝術家，必須放下「藝高於技」的優越感，才能夠真正領略網路這種新媒材所帶來全新的創作視野與思考方式。重新以網路來進行創作的思考，將是新時代的藝術家們必須面對的挑戰。

如何創作、如何表達、藝術以何種形式來呈現、如何在網路流通、如何展銷推廣……是一連串需要思索與解決的問題。

本章節經由深入的訪談與實地的操作，列舉兩個案例：其中「藝術家網站」是「滑鼠加水泥」虛實混和的網路行銷方式，另外「數位出版」則是「完全電子商務」的實務性探討。希望透過案例深入的說明，對藝術應用網路行銷提供實際運作的參考。

第一節　藝術家網站

一、網路對藝術家的影響

如果藝術是一種生活體驗的展現，網路時代的來臨，對藝術家的創作當然會造成重大的影響。藝術不再是屬於小眾團體的孤芳自賞，隨著網路的無遠弗屆，對藝術家而言，不止眼界寬廣了，對於個人藝術創作的表達也更加有效而直接，這種影響深刻反映在以下幾個層面：

1.增加網路創作的機會

藝術到了網路時代，由於對網路技術的運用，進一步發展出所謂「網路藝術」。網路藝術，有人翻譯成網路藝術或數位藝術，由於是英譯而來，英文的表達有Internet art、online art、web art、net art或art online，它橫跨「網路」與「藝術」兩個領域。那麼我們是否可以說，只要是藝術作品在網路上能被觀看，就算是一種網路藝術了呢？

本來是一幅油畫，如果將它掃描成數位圖片，然後掛到網上去，那算是網路藝術嗎？網路藝術如果採取廣義的籠統說法：將涵蓋一切在網路空間發表的藝術品，但這種定義如同宣稱把顏料塗到畫布上就是油畫一般的空泛，無甚意義。

安德魯斯（Andreas Brogger）曾發表一篇文章〈Net art, Web art, Online art, Net art?〉認為，就狹義的定義上來說：網路藝術是一種僅能透過網路媒體來體驗的一種藝術形式，無法用其他方法或其他的媒材來傳遞該作品的精神。曾任美國步行者藝術中心館長的史蒂芬

（Steve Dietz）對網路藝術也下過定義：網路藝術作品的構成條件必須同時滿足且僅只能在網路上觀看、經驗，以及參與該作品。

網路藝術具有以下的特性：[1]

(1)整合性

由於科技的發展日新月異，不僅體現在傳播媒體的多元化，也反映在藝術各門類的重新整合。這種整合性將使網路發展成一門新的藝術，即網路藝術。電腦、電視、電訊三者最終將融為一體。傳統藝術勢必要發生改變，以適應網路時代的新規範，而這些新型的整合藝術，將使得網路藝術更加多姿多彩。

(2)虛擬性

電腦數位科技能夠重新創造出現實生活中完全不存在的虛擬景象。這種「數位影像」的逼真程度已經遠遠超越傳統的繪畫和攝影。這些幾可亂真的圖像，是人類結合藝術與科技來模仿現實又一次的超越。

(3)共生性

網路藝術不僅作品的創作者倚賴網路，觀看者也經由網路的聯繫來完成。作品與觀眾成為密不可分的共同體，這種共生結構，成為網路藝術的特性，由於發展迅速，加速了對傳統藝術的衝擊與整合。

---

[1] 參考鄭月秀《網路藝術》，藝術家出版社，2007年9月初版及葉謹睿《數位美學》，藝術家出版社，2008年5月初版、葉謹睿《數位藝術概論》，藝術家出版社，2007年9月2版

(4)獨立性

互動與開放這兩項元素，完全能呈現後現代主義不重視理性的觀念，以及突顯以讀者為主體的精神。在1967年法國文學家羅蘭（Roland Barthes）提出了「作者已死」的主張，認為當作品完成時，作者的影響力就不存在了，取代的是文本的本身那些結構與符號，以及讀者自身經驗所閱讀到的符號，因此作品會因人而感受不同，在閱讀的同時也正是寫作的同時，這種「作者已死」的論調，非常符合網路藝術中「非線性」集體創作的特質。作品因觀者的參與而改變，也變得更加完整。

(5)遊戲性

網路藝術存在高度的遊戲性，作品充滿好玩、有趣，能吸引更多人的參與和關注。透過志同道合的網路社群，一時間會因為某個共同議題而聚集，會因為一次有趣的活動而參與，藝術超越時空而進行，透過網路時代的視像藝術，將把人們帶入一個遊戲於彼岸與此岸的自由世界。在這種虛擬世界的視像藝術更強調自娛娛人。

在這種新媒體藝術的體驗裡，作品與觀眾之間的關係，似乎成為一種共生共存的平行關係，尤其在結合網路的實體互動裝置之後，由於有觀眾的參與，才能喚醒作品所要達成的隱喻，甚至完善作品本身。

2.增加發表作品的機會

藝術家以往辦一場展覽，幾乎是件勞心勞力並且不少花錢的大事，但如果把展覽辦在線上，所獲得的成效大不相同。藝術家們只要將作品上傳到網站，如同舉辦一場網路展覽一樣，網路展覽的好處在於：

(1)主題更加自由

不受主辦方的參展條件限制，藝術創作可以更加自由，藝術家可以更隨心所欲的來表達自己的藝術主張，自己就是個策展人。

(2)空間不受限制

以往辦展，一般會選擇在美術館、畫廊、藝術中心等等地點，必須受制於展覽會場空間的限制；目前在網路上展覽，除非少數網站有特別的要求之外，對於個人上傳資料提供很大的儲存空間，幾乎藝術家可以很充分的展出所有的圖片與資料；網路展覽跨越了地區的障礙，不管在北京、上海、廣州，只要上線就可以觀看線上展出的作品。

(3)時間更加彈性

布展的同時就開展了，允許陸陸續續將作品上傳到位，不影響展覽的進行；從作品上線那天開始，就算是展覽開幕，只要資料不刪除，展覽一直存在，展期延長了，展多久完全自己決定。

(4)展覽成本低廉

以往辦一場展覽，從邀請函、場地費、布展費等等，所費不貲，相較於網路展覽，展出的成本很低，網路展覽甚至是免費的。

【案例參考】微博展的導言

藝術家，今天「圍脖」了嗎？[2]

——寫在「2011《中國藝術》藝術家微博展」之前

文：義豐　博士

微博，完整的稱呼應該叫「微博客」（Micro Blog）。它是繼部落格之後，當下最熱門的網路互動平台。微博之所以流行，主要是因為撰寫容易、上傳方便，一支電話，就能夠玩轉微博。

2011《中國藝術》藝術家微博展在2011年的7月18日正式登場。

有人問我這個展期有多長？

也有人關注展覽在哪裡展出？

更多人關心，真的會有一本展覽專輯嗎？

其實2011《中國藝術》藝術家微博展專輯，只是展覽的開始。以《微博》為主題，卻以紙媒來主辦，是希望經由媒介穿越，虛實結合，讓參展人走向未來。

這次展覽的圖錄，除了會有《中國藝術》以專輯方式來發行紙本圖冊之外，還會有一本「展覽電子書」，供網路下載。除了此之外還會利用電子媒體、部落格與微博大量轉載與介紹參展藝術家的作品。

有別於傳統實體展覽的觀念，本次微博展只會有開展，不會有閉幕。展出的地點是由中國風現代美術館（http://www.artchina.com.cn）提供的網路空間，展覽內容會設計專屬的網頁，完整地來介紹所有參展人及其作品。而且透過頁面超連結，可以連到每位參展者的個人微博。這是個「展中展」的概念，表面上每位只有一件作品參展，但經由點擊連接，卻能夠在參展微博裡，看到更多的

[2] 在網路上，博友常以「圍脖」來取代「微博」，取其諧音，更添趣味。

作品；甚至在展出期間，參展者還可以不斷地上傳作品。這樣的虛擬展覽，展品增加著、展期持續著，每次看展都會有新感受。

2011《中國藝術》藝術家微博展，刻意大規模地邀請許多知名的藝術家來參展，或許這次不能夠及時見到他們的作品，但卻樂見藝術家們陸續擁有自己的微博。這也是策劃這次微博展的另一層意義：讓搞藝術的，開始關注微博，熟悉這項當下連接現實與虛擬最熱門的互動平台。

網路時代，資訊的來源，往往來自搜尋。藝術家可以利用微博來宣導理念，展示作品、記錄靈感、分享趣事。遊走微博，可以喚來一群粉絲的關注，讓創作的旅途不寂寞。

2011《中國藝術》藝術家微博展後續會呈現什麼樣的面貌呢？

請您拭目以待。

它將如同藝術本身一樣的多元與有趣。

如同德國哲學家加達默爾（Gadamer, Hans-Georg）所說的：「現代藝術是一種遊戲之謎，是一種謎一般的遊戲」。[3]

玩心十足的當代藝術家們，趕快上網來微博一下。

今天圍脖了嗎？

如果沒有，立即連網說說話吧。

任何動作，全部列入展覽進行時。

義豐博士寫于

2011《中國藝術》藝術家微博展之前

● 最新展覽動態：義豐博士筆記微博：http://chenyifeng.t.sohu.com/

3 李魯甯，《加達默爾解釋學美學思想的基本精神》，文章來源：山東大學文藝美學研究中心

3.增加作品銷售的機會

網路交易讓藝術品在畫廊、藝術博覽會、拍賣會之外，增加另一種銷售的可能性。以網路上十分受到歡迎的網路競拍模式來說，具有以下的優點：

(1)拍賣時間長

不同於拍賣會可能幾個小時就結束，線上拍賣可以持續一週，甚至一個月，供賣家在網路上下單競拍。

(2)拍品種類多

不管是網路商城或者網路拍賣，可以上網拍賣的商品形式眾多，而且可以大量供應。除了傳統的藝術商品形態如：繪畫、雕塑、版畫……之外，還有票券、海報、畫冊、錄影帶……有時提供網拍或網購的商品千奇百怪、出人意料之外。

(3)資料更豐富

相對於拍賣圖錄的篇幅限制，網路拍品的資料可以更充分的展示，除了藝術家的藝術學經歷，作品詳細導讀與輔助圖片之外，還可以完整刊登相關評論家完整的文章，更能突顯作品的價值。

(4)閱覽人數多

礙於拍賣會舉辦的地點與預展時間的限制，通常一週內就結束了，能與會參加拍賣的人數總是有限；相對地，線上展覽能利用網路，跨越時間與空間的限制，只要上網就可以看拍品資料。

(5)競拍更方便

一般拍賣會有特定的時間地點來進行拍賣，除了親臨現場競拍之外，也可以透過事先委託下拍單，或者在拍賣進行中，利用電話連線，委託出價，但總不如線上拍賣可以隨時掌握最新出價情況，線上上拍賣時間內，隨時隨地立即可以透過網路出價競拍。

(6)宣傳進行時

網路拍賣可以利用電子郵件大量地針對其會員發送，而且邊拍賣邊宣傳，在拍賣進行中，宣傳也持續在推廣中。

或許目前高價位藝術品完全靠網路銷售還無法普及，但至少可以吸引有興趣的藏家，線上接觸，線下成交。

4.增加與觀眾互動溝通的機會

藝術創作必須要有受眾才算圓滿；以往只能靠展覽期間難得的面對面交流，甚至倚重於少數批評家的看法，如今透過網路展覽，利用留言板的功能，可以讓到訪者留下腳印，寫下感想，透過回覆，進一步達到相互溝通的效果，甚至利用「投票」功能，立即瞭解網友對特定議題的反應。

5.增加同行觀摩的機會

同樣地，藝術家也可以透過網路來關注藝術的動態；經由上線獲得展覽訊息、參與熱門話題、觀看其他線上的展覽，觀摩更多的作品。

二、藝術家的網路資源

藝術家可以選擇建立自己獨立的網站，也可以藉由一些提供空間的網站來展示自己的作品；目前網路資源很充分，藝術網站形形色色種類繁多，大致可以歸類以下幾種：

1.藝術網站的種類

(1)綜合性入門網站

一般會有大量的藝術新聞、最新的展覽訊息、還有藝術評論文章與部落格空間；以中國國內藝術入門網站雅昌網（http://www.artron.net/）為例，除了上述功能之外，還提供拍賣相關訊息的雅昌拍賣資訊網（http://auction.artron.net/），可以進行藝品交易的「交藝網」（http://www.artronmore.net/），方便藝術訊息搜尋的「藝搜網」（http://www.artso.net/），及一系列專業性主題網路（雅昌雕塑網：http://www.artso.net/；雅昌書畫網：http://shuhua.artron.net/；雅昌攝影網：http://shuhua.artron.net/）堪稱藝術入門網站的典範。

(2)專業型藝術網站

按網站設立的藝術品類別不同，所成立的專業性網站，比如：古玩收藏為主的中華古玩網（http://www.gucn.com/），研究中國書法專業網站的「中國硬筆書法線上」（http://www.yingbishufa.com/），以書畫展銷為主的「書畫藝術網」（http://www.18art.com/）等等，按不同藝術專業來成立網站。

(3)藝術機構網站

這類型的網站最多，有些是機關團體、藝術機構、大型展會甚至是學院的網站，細分概述如下：

A.國營機構網站

國家或地方的美術館、博物館；以展示藏品及展覽資訊為主，一般會有多種語言介面的設計，以中國故宮博物院（網址：http://www.dpm.org.cn/）為例，在首頁就分別表示有簡體中文、繁體中文、日文及English。

B.私營機構網站

私營的畫廊、拍賣公司、藝術空間……都紛紛設立自己的網站；畫廊網站主要是展示所代理藝術家的作品、資料及展覽資訊；拍賣公司網站以拍賣品上線及拍賣會訊息為主，以中國嘉德拍賣公司為例，除了有線下拍賣訊息（網址：http://www.cguardian.com/）之外，另外還有「嘉德線上」（網址：http://www.artrade.com/）提供網路線上拍賣服務。在中國還有許多附有特色的藝術區，如北京的798藝術區（網址：http://www.798art.org/index.html）有其獨立網站，詳細提供該區的藝術動態、店家資料、展覽活動及區域地圖。

C.美術教育網站

除了八大美院之外，各級美術院校有其自己的網站，以中央美院為例（網址：http://www.cafa.edu.cn/main.asp），除了美院新聞之外，舉凡學校的組織、各系所介紹、歷史紀錄、招生訊息都有詳細的資料，線上更是一個及時的公佈欄，發佈最新的學校動態。除了院校的網址之外，甚至還有特別為美院考試成立的網站，如：中華美術高考網（網址：http://www.mshao.com/），彙整各地美術院校招生簡章、錄取榜單、考試題庫與線上教程，非常受歡迎。

D.協會網站：

各種美學組織，各地民間美術機構、各處畫院，幾乎都有自己的官方網站，以中國美術家協會為例，這個被藝術家視為一種榮譽的組織，入會有嚴格的審核；其官方網站（網址：http://www.caanet.org.cn/）主要以協會的組織及會訊為主，展覽也是很重要的一個環節，以往舉辦的全國性美術大展，是年度美術界的一大盛事；因此協會另外設立展覽部專屬的網站（網址：http://www.caazl.cn/Index.html）來提供參展辦法、評選結果、展覽的詳細的訊息。

E.展會網站：

各地興起舉辦藝術博覽會、藝術節、音樂季、雙年展……，為了讓這些活動成為一種常態的組織，因此往往也會成立專屬網站來報導與紀錄活動消息。北京藝術博覽會到2009年已經舉辦第12屆，官方網站（網址：http://www.beijingart2008.net/Index.asp）公佈參展細則、媒體新聞與線上展館，可以在網上一窺活動的樣貌。

F.媒體網站：

美術報刊、藝術雜誌提供線上閱讀，甚至有網路版的讀本，這些媒體也接收新聞稿與網上發佈，彼此之間轉載文章的習慣很普遍，經常刊載展覽訊息、作品刊登、名家介紹各種新聞稿。如《美術報》發行的網路週刊（網址：http://msb.zjol.com.cn/html/2009-04/11/node_207.htm）無需再安裝其他軟體，就可以點選線上閱讀。

(4)個人藝術網站

藝術家也可以成立自己的網站，詳細介紹自己的藝術創造與相關藝術資訊。

設計個人獨立的網站經由以下的步驟：

步驟一：申請網域名稱

一般國際網域名稱（.com）比國內網域名稱（.cn）便宜，目前除了英文網域名稱之外，也可以申請中文網域名稱；市面上有很多可以幫忙申請網域名稱的代理商，如：中國萬網（http://www.net.cn/），先透過線上查詢要申請的網域名稱是否可以登記，並進一步填寫與傳真必要資料，繳完網域名稱申請費用之後即可使用，網域名稱費用屬於年費，每年一繳，逾期不繳該網域名稱有可能被其他人搶注使用。

步驟二：主機設置

自己購置主機申請專線費用最高，其次可以將主機請專營的機構（ISP商）代管，也可以向這些機構租用主機，一般最經濟的方式是以「虛擬主機」的觀念，與其他人分享主機，只租用一定的儲存空間就可以，通常代理網域名稱申請的公司也會提供這項服務。如信安數位資料系統公司（http://www.chinadds.com/）從網域名稱申請到主機空間租用提供線上全套服務。

步驟三：網頁製作

網頁編輯有許多軟體可以使用，目前網頁設計出了文字、圖片之外，還可以有動畫、有錄影、有音樂；由於網頁製作需要一定的專業能力，有很多網站製作公司可以代勞。網頁有必要隨時更新，因此對於後續的網站內容維護服務，在選擇製作商時，應該一併考慮。

步驟四：資料上傳

透過FTP軟體，將網頁上傳到網站的主機，再個人電腦連接上網後，打上網域名稱，就可以看到網站的內容。以卡通一代藝術家江衡的個人網站「江衡藝術」（網址：http://www.jianghengart.com/）為例，首頁是一群到處優遊的魚群，進入網站之後，有藝術家個人經歷的介紹、各個時期的作品、相關的媒體報導、評論家的文章匯總以及各項參展活動紀錄。

2.藝術網站提供的功能

(1)展示空間

很多藝術網站都提供作品發表的功能，有些必須收費，有些則完全免費。在這些綜合性的藝術網站裡建立個人官方網站有些必須申請，有些只要簡單的完成會員的線上註冊。比如「雅客藝術」（網址：http://www.yahqq.com/）就提供線上個人展覽館的功能，只要完成會員註冊，登錄至後，就可以免費依照網站設計好的範本進行資料與作品的發佈。選擇免費空間除了要注意該網站的流量之外，最重要的是如何讓搜尋引擎如「谷歌」（網址：http://www.google.com）能在輸入你的名字或作品關鍵字時，快速的找到個人的網站資料。

(2)展售訊息

網路上提供「我要賣」的仲介平台很多，有些必須收取成交手續費，有些則完全免費。這種求購訊息的刊登效果，除了藝術品本身的條件之外，與交易網站本身的形象、信譽與人氣息息相關。一般網站會要求供需資訊由買賣雙方自行提供，其真實性、準確性和合法性由資訊發佈人負責，網站不承擔任何法律責任。

當展售訊息獲得回應時，通常會有兩種交易進行的方式：

A.買賣雙方私下協商自行交易；

B.買賣雙方委託網站作為仲介平台代理交易。

以「博寶藝術網」（網址：http://www.artxun.com/）為例，凡是使用者私下交易免收任何費用，但博寶網不承擔任何責任。博寶網同時呼籲：為保障網友的利益，推薦選擇委託博寶藝術網代理交易，具體安全交易方法如下：

- 買賣雙方通過網路查看作品圖片、問題交流、最終達成交易意向，買家先將貨款匯至代為交易的博寶網，網站收到貨款後，通知賣家向買家發貨；
- 賣家收到網站通知後，向買家發貨，買家檢查確認貨物，如果認可接收，通知博寶網交易成功；如果不認可，將貨物退還給賣家，並通知本次交易失敗；
- 博寶網接到買家交易成功通知，再匯款給賣家，同時扣除5%的押金用於本網匯款手續費以及相關稅收費（賣方支付），不足5元按照5元來收取；交易額較大的應事先協商，議定手續費；
- 博寶網接到買家交易失敗通知，等待賣家收到退貨確認後，再將貨款扣除銀行手續費後還給買家；

• 交易過程中雙方自行協商包裝、保險、運輸的要求及費用，如因此發生問題博寶網不承擔責任。

(3)藝術商店

透過具有交易功能的商城網站，通常允許在其網站內開設電子商店，這是一種虛擬的商店，目前有以下幾種形態：

A.普通店鋪

一般網站對設立普通店鋪並不收取費用，只要個人或者單位透過簡單的註冊成為會員之後，就可以開設個人商店，如卓克藝術網中的卓克交易中心（網址：http://shop.zhuokearts.com/shop_categories.aspx）便有提供免費的開店服務；由於這種普通商鋪門檻很低，賣家良莠不齊，交易起來，風險比較高；再者由於是免費性質，網站對其會有一些上傳商品的限制，比如一次只能拍賣5件藏品；除非繳交年費後，經由賣家身份認證後，可以獲得升級，上傳更多藏品。

B.認證店鋪

有些交易型的網站，對於在其商城內設立個人店鋪的條件要求比較嚴格，會要求「個人實名」認證，要求上傳個人的身份證圖檔；「認證店鋪」服務是一項對店主身份真實性識別服務。店主可以通過站內線上即時通QQ客服、電話或管理員E-mail的方式聯繫並申請該項認證。經過網站管理員審核確認了店主的真實身份之後，就可以開通該項認證。通過該認證的店鋪，可以說明店主身份的真實有效性，為買家在網路交易的過程中提供多一層的安全和保障。

C.品牌店鋪

經由認證之後，在一段時間表現良好的店鋪，會進一步被網站推薦為品牌店鋪；這些店家有些是個人，有些是有實體的店家，配合網站的收費制度，再繳納一定的年費之後，相對地可以讓這類品牌店鋪享受更多的曝光與搜尋出現的優先位置，有利網友的搜尋與藏品的成交。

(4)網路競拍

A.自行進行網拍

許多拍賣網站都提供線上拍賣的功能，只要登記成為會員之後，就可以按網站規劃的門類，將自己的拍品分門別類上拍；賣家自己訂定拍賣的起拍價及最低成交的底價，在自定的拍賣期間內，如果有人在網上出價高於底價，最後由出價最高者得標，萬一最高出價不到底價，這個拍品就算流標；也有賣家會以「一口價」的設定，亦即只要有人出價到達「一口價」所設定的價格，雖然還不到拍賣截止時間，先出價者算得標，雙方可以立即達成交易。

B.委託拍賣網站

如果不想直接面對買家，也可以提供拍品給專門從事網拍的公司。如果要委託線上拍賣公司來進行網拍，比如說「嘉德線上」（網址：http://www.artrade.com/index.html），賣家必須事先以電子郵件將拍品資料提供給該公司，再電話進行委拍事宜的洽淡，雙方達成協議之後，後續的操作事宜與一般拍賣會流程類似，差別的是，拍品在網上展出，買家無法事先看到實物（如有必要，必先徵得拍賣公司的同意，約定時間後，再前往查看拍品），只能在規定的時間內，透過線上進行加價競拍，時間截止時由出價最高者得標。

(5)活動發佈

網路最強有力的是在資訊的發佈與流通，不管是個人空間、展覽動態或藝品上拍，都可以找到合適的平台去發佈。藝術家可以借此提高個人的知名度，增加創作的曝光度。舉例來說，要發佈展覽訊息，有一些提供免費發佈訊息的平台，如中國展覽網（網址：http://www.zl360.com/），有四種身份的人可以按四種不同的範本進行填寫，進行展覽資訊的發佈：

A.主辦方

如果您是展會主（承）辦方，發佈展會預告資訊、招商資訊或歷史資訊，請選擇A型發佈

B.協力廠商

如果您是協力廠商獨立公司、團體或個人，以代理（合作）關係為某展會招商，請選擇B型發佈

C.展覽場

如果您是展覽館官方機構，或提供展覽館、廣場、舞台等場地的出租服務，請選擇C型發佈

D.配套商

如果您提供設計、製作、搭建、裝飾、印刷、物流、倉儲、酒店、餐飲、租賃等服務，請選擇D型發佈

三、案例參考：中國風現代美術館

案例核心價值：虛擬美術館的網站規劃、藝術的多元化運用、「B2B」網路行銷模式

中國風現代美術館（http://www.Artchina.com.cn）關注中國當代藝術近20年。美術館以美術史的眼光，收藏中國優秀藝術家的代表作及史料性作品。致力於通過網路作為美術館線上展覽的視窗，定期舉辦網路展覽，介紹優秀的藝術家，透過年度主題展覽，運用多元化的藝術表現，結合限量美術品的製作發行，讓藝術更容易被親近與收藏。

【個案參考】2011《中國藝術》藝術家微博展的展訊

《中國藝術》雜誌是中國美術出版總社主辦的國家藝術類核心期刊，在美術界具有廣泛影響和重要作用。日前《中國藝術》雜誌特邀中國藝術研究院陳義豐博士以專輯的形式策劃「藝術家微博展」並擔任學術主持，對應「網路微博」這個新鮮事

物，廣泛邀請已經和即將開設網路微博的藝術家參與，將藝術家微博做一次媒介穿越，在《中國藝術》上進行宣傳和拓展。這樣的展覽有別於實體展覽而屬於概念性的虛擬展覽，符合網路時代辦展的新思路。

一、主辦單位：

中國美術出版總社　人民美術出版社《中國藝術》編輯部

二、協辦單位：

搜狐網

中國風現代美術館

中央美術學院第九工作室

傳奇經典文化傳播有限公司

三、策展人：

中國藝術研究院　義豐博士

四、展覽時間：2011年7月18日展覽開始

五、展覽地點：

搜狐網：http://home.focus.cn/ztdir/yswb/index.php

中國風現代美術館：http://www.artchina.com.cn

六、參展人：

徐曉燕、豈夢光、江衡、王中、祁海平、沉娜、石磊、江黎、龐茂琨、趙文華、孫綱、楊勳、曾曉峰、張國龍、陳曦、陳淑霞、王琨、蔣焕、劉彥、鄧國源、鄭金岩、李木、劉明亮、馬軻、呂鵬、支少卿、朱傳奇、陳在均、王偉鵬、杜飛、魏安、劉立宇、徐小東、汪世基、宋本蓉、孫恩揚、包曉偉、欒佳齊、白苓飛、肖旭、郭輝、王朝勇、韓傑、魏穎、於秋實、李強、林芳璐、孫穎、史文娟、王楫、王越、陳群傑、武俊、楊思楠、楊子、欒小傑、薛若哲、郭鑒文、吳卓陽、溫一沛。共計60位。

1.畫作的另類運用

未來結合中國風現代美術館的收藏，將陸續將其館藏藝術家的作品，廣泛的業界合作，運用到文化創意產業的各個領域中，包括：

(1)限量杯具

中國風現代美術館以館藏藝術家的畫作為圖案，授權給產業界來設計一系列的馬克杯及紀念盤。

(2)限量版畫

中國風現代美術館將館藏藝術家的作品，與畫家合作，製作限量版畫及限量簽名海報來滿足藝術愛好者的收藏。

(3)彩繪本年曆

中國風現代美術館精心編制年曆，每一年的年曆如同是一本精美的畫冊，收錄12幅典藏的繪畫作品，每個月份搭配一件畫作，再配合評論家的藝術推介及畫家的詩文，內容文情並茂，詩畫合一，成為年節的一種贈禮，既是一本精美的畫冊，也是很應景的禮品書。

(4)畫作授權

中國風現代美術館致力於典藏畫作圖稿授權的方式來推廣藝術，不僅廣泛使用在合作廠商的產品上，也會授權給其他機構來使用，如：授權給酒廠使用中國風現代美術館的藏畫，來製成「酒標」。

2.中國風現代美術館的網站規劃：

中國風現代美術館採取虛擬主機的網站設立方案；具體功能詳細說明如下。

(1)虛擬主機

中國風現代美術館採取虛擬主機方案，租用網路空間的方式，讓主機由專業公司來管理。但是網站內容採自行維護與更新；公司網域名稱網址：http://www.artchina.com.cn

(2)專業型網站

將採取先進網路技術，盡可能早日實現虛擬美術館能夠360度空間轉換的網站建設，讓前來參觀者，如同置身一座立體的美術館情境之中。

(3)線上網購功能

中國風現代美術館未來將展開線上購物服務，會與網路商城合作，扮演供應商的角色，將美術館的限量商品透過虛擬商店來出售，並陸續開放數位出版平台，電子商務模式是「B2B」，不會直接面對消費者。

(4)會員服務

中國風現代美術館會大力推行會員制度。網站將設計會員的登錄系統，不同會員所能享受的優惠辦法也不一樣。透過有效會員經營，為後續美術館虛擬展覽、藝術商品及電子書刊的網路行銷奠定良好的基礎。

3.美術館的網路推廣

中國風現代美術館的官方網站，有別於實體美術館，將充分利用網路機制來推廣：

(1)電子雜誌

定期發行電子書刊，推介藝術家及優良的作品。

(2)電子媒體

將陸續舉辦網路展覽活動，配合媒體新聞稿的發佈，主動在網站彙總最新的媒體報導文章。

(3)部落格與微博的運用

將大量收錄網路上有關於館藏藝術家的「部落格」與「微博」文章，結合美術館展覽活動報導。這種經由網友的文章介紹，更有說服力，也更有親和力，是「部落格」行銷很有效的範例。網友的文章經由連接，增加上網閱讀的機會，相互得利。

(4)內容超連結

要成為美術館專業性的網站，必須要不斷更新內容，持續要有新的內容加入。除了內部最新的展覽資訊之外，善用網路資源，將大量利用連接的方式，來豐富網站內容，更形重要。

【案例參考】策展人的話

「微博」精彩的藝術人生——

2011《中國藝術》藝術家微博展　開展了

文：義豐　博士

曾幾何時，要認識一個人，就上網「搜」一下？

要瞭解一個藝術家，就在電腦上「打」上名字？

網路上提供的資訊，快速拼湊出這個人的臉譜出來。

這其中資料，有第三者的整理上傳，但卻越來越多是由自己主動提供發表；先前的部落格，當下的微博，都是很好的資訊發佈平台。

年輕人把微博（Microblog）當成「對話簿」，你一言，我一語的來回交談著。

藝術家不妨把微博當成「行為藝術」；舉凡想的、看的、做的，都可以寫下文字、拍成照片、錄製短片、選播音樂，立即上傳。

微博可以提供藝術家最鮮活的身影，記錄第一手最直接的人生片段。

這次2011《中國藝術》藝術家微博展，就是在這種發想下，招朋引伴，邀請了60位當代藝術家，一塊來「玩」微博。這個展覽，有部分的參展人，早在各自的微博大展身手，但我們選擇了2011年7月18日同台亮相。

搜狐網以專題方式進行全程報導（網址：http://home.focus.cn/ztdir/yswb/index.php），而中國風現代美術館（網址：http://www.artchina.com.cn）也提供網路空間，為展覽設計專屬的網頁，完整地來介紹所有的參展人；同時，在美術館網站上，有一本「展覽電子書」，提供自由下載閱讀。

這是辦展的新思路，只會有開展，不會有撤展的永久性展覽。

這個展覽跨越時間與空間的限制，讓想要看展的人可以自由來去，多次往返。

而對參展的藝術家來説：

個人微博，如同是座永久的展廳。

可以期待：

在未來，透過微博，能夠看到更多、更棒的作品，一窺藝術家精彩的人生。

策展人手記

義豐博士寫于

2011《中國藝術》藝術家微博展

圖：2011《中國藝術》藝術家微博展線上電子畫冊

4.中國風現代美術館（http://www.artchina.com.cn）網站內容

中國風現代美術館並不只偏重於典藏畫家的介紹，還會舉辦許多大型網路展覽活動，網站主要內容包括：

(1)館藏藝術家介紹

針對中國風現代美術館的館藏藝術家，有系統的介紹其經歷；內容詳細豐富，有其學經歷、參展記錄、獲獎記錄及重要機構的收藏記錄。

(2)國內外佳作賞析

針對館藏藝術家，舉辦網路個展，展出其主題性的系列作品。並邀請評論家主持國外名作的賞析與推介。

(3)藝術評論家推介

在一般人的感覺，藝術是高高在上的，藝術作品艱深難懂。中國風現代美術館所收藏館藏作品雖然不難親近，但如果能得評論家的青睞與推薦，更能提升其藝術的價值；因此特別為館藏藝術家們設立藝術推介專欄，來收錄這些專業的評論文章，經由知名批評家的推介，提高藝術的學術價值。

(4)策劃網路展覽

中國風現代美術館網站如同一座虛擬美術館，定期舉辦大型的展覽活動。如在2011年與中國藝術、搜狐網、傳奇經典文化等單位，舉辦2011《中國藝術》藝術家微博展，吸引了六十位當代藝術家參加這項創新的概念展。未來更會結合各地實體美術館及藝術中心合作，為藝術家舉辦個展，虛實結合，擴大藝術的普及與欣賞。

(5)出版藝術電子書

美術館會致力於電子出版，配合電子書風行的趨勢，大量將藝術家的畫冊轉變成電子書，然後大力在各種電子發行通路上推廣與發行。如：2011年10月在Apple store發行iPad互動版電子書《豈夢光尋寶記》，而本書《藝術網路行銷》也會有簡繁字體的電子書在iPad及

iPhone線上發行。未來進一步跨領域合作，結合小說、詩文與繪畫，讓藝術更價多元精彩。

(6)成立網路畫廊

代理藝術家的作品於網路上推廣，成立虛擬畫廊，協助藝術家進行網路宣傳與銷售的市場行銷工作。

(7)美術館商品展廳

線上展示中國風美術館開發的各項限量美術館商品與設計師的作品，詳細介紹藝術家設計的相關作品資訊。

5.美術館的網購商品

中國風現代美術館將陸續開發限量、具有收藏價值的藝術商品。美術館將網路的銷售業務，交由大型的網路商城來進行，比如奇摩網（http://tw.bid.yahoo.com/）或網路家庭（http://www.pchome.com.tw/），讓這些網上商城以網購或網拍的方式來銷售，美術館本身扮演供應商的角色。

這些在網路上出售的產品主要是以印有「中國風現代美術館」品牌的藝術商品為主。未來美術館計畫直接在網路上經營網購生意。

因此，中國風現代美術館，計畫在網路上流通的商品主要有以下幾種類別：

(1)網購商品

主要採取「B2B」網路商業交易模式，也就是美術館並不會直接成立線上購物部門，來處理消費者網路購買，而是擔任網路供應商的角色，供給產品給網路商城。

(2)網拍商品

在網路上拍賣的商品主要是中國風現代美術館的版畫，針對限量版畫，委託專業的藝術拍賣網站，進行線上拍賣。

(3)折扣商品

網路迷人的地方就是有許多折扣、特賣、定期的優惠活動，在中國風現代美術館，未來會提供特定商品「限期限量」的特賣活動，舉凡杯具、禮盒、精品……按季節、按假日不定期的舉辦各種產品組合的網路特賣活動。

中國風現代美術館以立足中國，放眼世界的胸懷，全力推展當代藝術。未來將擴大影響，運用網路傳播的力量，讓中國當代的藝術人文，豐富您的人生。

第二節　數位文學

一、網路對文學的影響

文學是以語言為手段塑造形象來反映社會生活、表達作者思想感情的一種藝術。

以往中國人常會以「萬般皆下品，唯有讀書高」來突顯文人的社會地位，知識份子靠考試求取功名，獲得榮華富貴；到了知識爆炸的現代，文學不再專屬於社會精英，網路時代加速了知識的普及，對文學及其市場都帶來翻天覆地的衝擊。

這種衝擊可以明顯地看到以下的改變：

1.學問來自搜尋

以往的學問來自「博學強記」，必須遍讀古今中外典籍，學問是來自經年累月的知識積累；但到了網路時代，求知的途徑來自搜尋，不管是知識的獲得，或者解決問題的方式，透過網路，可以很快地獲得相關的資料與解答。

2.人人可以寫作

以往寫作屬於專家學者，必須學有專攻，言之有物，才有機會發表文章；但網路部落格興起以來，不管寫作能力好壞，文章長短，只要上傳到部落格公開之後，就有人閱讀，有人回應，已經大大下降了寫作發表的門檻，讓寫作真正的普及化。人人可以舞文弄墨，文章因為有人迴響，更加激發寫作的熱情。

3.數位出版的未來

2007年，自從亞馬遜網路書店開始販賣一款名為kindle的電子書閱讀器以來，數位出版成為最亮麗的一個新市場。不僅原有出版界關注，設計閱讀軟體的開發商、閱讀器硬體製造商，就連提供資料傳輸的電信業者也競相投入，一時間電子書的未來，充滿各式各樣的發展可能。未來的世界，可以期待出版會與寫部落格一樣的普及，通過簡單的操作，就能在網路上編輯、出版、發行，讓人人一圓當作家出書的夢想，讓出版充滿樂趣。

4.電子商務的典範

從文章在部落格的寫作發表、透過電子書的數位出版、讀者經由網路書店來採購電子書、透過網路銀行線上付款，最後再由網路下載電子書，全部交易流程完全可以在網路上完成，是最典型、最完整的電子商務形態。

【行業報導】網路寫作出版

在發達國家，無紙辦公正成為發展的潮流和方向，網上閱讀將成為人們獲取資訊的主要途徑。在未來的網路時代，電子書、電子雜誌將成為文學傳播的主要途徑之一。

雖然在中國的現階段，電子書、電子雜誌的發展才初露頭角，還有一個漫長的發展過程，但網路寫作在傳播和閱讀上有別於當前主流媒體傳播和閱讀的全新方式，將會逐漸改變人們的閱讀習慣和審美趣味，形成一種新的文化消費時尚。

而人們的閱讀習慣和審美趣味的改變，也將驅使傳統寫作方式作相應的改變。這是一個互動的過程。在這個過程中，文學作為心靈表達的主要途徑之一，必將獲得新的發展。

前不久，中國作家出版社將一本已在網上連載半年之久、長達90萬字、累計訪問人數超過10萬之眾的「文俠小說」《智勝東方朔》出版，一舉創下了2個月內4次重印，總印量達到18萬冊的佳績。這部被線民們譽為「壓網之作」的小說，下網之後不僅得到普通讀者的認可，同時引來影視界的關注——央視率先出擊，以購買金庸武俠小說的同樣價錢，將其電視劇改編權一舉買斷，準備儘快搬上螢幕。

與此同時，號稱全球最大中文暢銷書閱讀網站的博庫網站，一舉與海內外數百位作家簽署了在網路上使用作品的法律合同，並會同中國版權保護中心，邀請王朔、池莉、劉震雲、王海、林白、方方等知名作家共商「網路與作家權益」。（2003年）[4]

二、作家的網路資源

以往作家要發表一篇文章，受制於作者的名氣，雜誌社的選材方針，層層管控，發表不易；但是到了網路時代，徹底改變這一種局面。以目前網路服務中最夯的一種功能「部落格」來說，幾乎讓人人都有機會成為作家，讓作品輕而易舉的公開發表。

[4] 節錄自李麗慶《網路寫作：從叛逆到回歸》，見自《粵海風》2003年第2期

1.部落格空間

部落格也被稱為部落格，好比一本私人的日記，名人以部落格來吸引更多粉絲的目光，凡人以部落格來疏解情懷。

(1)部落格的內容題材

部落格在中國大陸被稱為「博客」（blog），它的內容廣泛，主題涵蓋有：

A.心情日記：

吐露心聲，發洩情緒，訴說真情；特別在網路虛擬身份下，反正大家互不認識，可以大膽的表露自己的心事，感動網友。

B.愛情日記：

網路上青少年居多，情竇初開的年齡，有關感情的故事敘述特別多；在網路上的愛情故事跨越年齡，每當真情流露時，對象的一顰一笑，娓娓道來，深情款款，特別動人。

C.旅遊日記：

在周休二日下，很容易可以安排短途的旅遊。配合沿途風光的拍攝，一篇旅遊日記結合文字與照片，可看性與趣味性極高，成為很好的旅遊指南。

D.美食日記：

美食成為時尚生活的一部份，特色餐廳永遠是受歡迎的主題。哪裡有好吃的餐館，特色的佳餚，總是吸引人的話題。每當飽餐一頓之餘，總想在部落格上留下一篇精彩的美食日記，內容有詳細的店家資料、菜色介紹，並附上精美的照片作為插圖，令人看得食指大動。部落格讓老饕們一個個成為美食評論家。

E.新聞日記：

對當下時事的評論，焦點新聞的看法，由於切中社會脈動，話題性十足，很容易引起網友的關注，進而引發討論，溝通看法。熱門的時事部落格文，往往能帶動風潮，讓輿論更有力量。

部落格人人會寫，但不見得有人看，冷門的部落格，乏人問津。因此在部落格設立之後，如何贏得網友的青睞，讓博友不斷地回訪，衝高人氣，還得用心經營。

【行業報導】線上寫作

網路線上寫作。

這是目前網路文學中占主流的一種生成方式。線上的線民寫作由於受政治意識形態的控制比較少，因此在思想表達上比較自由。

如果說寫作存在「為老百姓寫作」與「作為老百姓寫作」這兩種基本寫作姿態的話，網路線上寫作無疑是屬於後者。

網路線上寫作在語言、語體、章法以及美學規範也與現實空間差距甚大，並逐漸形成了網路空間獨特的一套程序規範。各種民族語言相互夾雜、符號混用成了網路線上寫作的一種基本自我言說姿態。

網路線上寫作化解了現實空間語言表達的通約性和純潔性，試圖在網路空間重建線民審美交流的通天塔。目前網路線上寫作就題材而言，主要是言情、搞笑、武俠之類的作品。

網路線上寫作具有開放性、互動性、即時性等特徵，接龍合作小說堪稱為代表。這種小說一般由多人接力參與，在網上編製故事框架，提出若干問題進行即時創作。接龍合作小說，每一個續寫者往往不可能去考慮太多的公眾期待與社會倫理要求，主要根據自己對文本的本真性的理解和自己對於文學的理想與期待，來完成下一個情節、故事、結局的構思與表達。[5]

(2)部落格的經營技巧

部落格設立之後，如何引起網友的關注，衝高人氣，經營部落格空間有下列的技巧：

A.言之有物

雖說部落格是個人情緒發洩的空間，但也得言之有物。況且部落格內容總得面對大眾，因此談什麼，怎麼談，得多一份用心去耕耘。

B.勤於更新

部落格內容需要不斷地更新，如此才能吸引網友反覆上門的動力。

C.回覆留言

針對來訪的網友留言，應該盡力回覆，這是很重要的互動與交流，網路友誼往往借留言往返、與時俱進。

5 節錄自劉晗&龔芳《網路藝術的可能幾其現實形態》，見《紅河學院學報》第5卷第6期2007年12月

D.回訪網友

針對上門的網友，應適時地回訪，彼此往來頻繁，增加互動，自然能建立良好的關係。

E.加強互動

多多利用網站附屬的功能，比如打招呼、投票、送禮物、競賽活動……等等，加強網友間的聯繫。以投票機制來說，就是在部落格空間內設定議題，號召網友前來表達觀點；只要議題設計得當，問題吸引人，能夠帶動網友投票的熱情，自然有助於帶動部落格的人氣。

還沒成名的作家可以在部落格發表文章，累計人氣；並且透過各種網站機制，增加與讀者之間的互動。對於寫作的主題、內容與文筆，從來訪的網友點閱率與留言版，可以一窺究竟。

2.網路社群

網路的部落格是屬於個人的空間，而社群則屬於一群人的天地。

社群也稱之為「圈子」、「社團」或「群組」，是網路興起的一種虛擬團體。一般提供部落格功能的網站，通常同時會增闢社群的功能，進一步讓共同屬性、偏好的網友可以結集，有助於留住人心，增加網站的到訪率。

部落格的主人，也稱為版主，如果有意要成立網路群組，並有效的讓群組快速發展，不妨參考以下要領：

(1)出色名稱

為社團取個有意思的名字，比如：富有現代感的「宅男宅女」、

「青春物語」，文學分類型的「隨筆小札」、「心情絮語」，突顯社群內容的「武俠天地」、「鬼魅夜話」，不同主題與取向，吸引共同偏好的網友來結集。

(2)廣交朋友

社群的會員招募分公開與封閉式兩種，公開式社團人人都可以自由加入，而封閉式則必須有社群的版主邀請，或透過申請獲准，才能加入。為了壯大社團的影響力，發身為版主，需要積極地勤於網路交友，並主動地廣邀網友來加入。

(3)發展組織

有時光靠版主的力量，很難快速發展社群，因此不妨運用企業管理的精神，設立虛擬管理團隊，邀請熱心的網友出任副版主，甚至進一步的分組設立組長，大家分工合作，勤於社員間的往來，加強社群的向心力。

(4)發起話題

身為社團負責人，應主動發帖，也就是要勤於發表文章，也應該要動員社員多發表文章及對社團話題熱烈回應，讓社群更有活力。

(5)增加評論

會員發表的文章或評論總希望能獲得回應，因此身為版主得勤於回覆，並且動員虛擬組織的幹部們也能主動參與，多造訪社友，評論文章，勤於回覆留言。

(6)策劃活動

在社群內，應定期的策劃各種群組活動，針對時事提出「發燒話題」，針對季節發起寫作「約你一起背叛夏天」[6]，策劃主題徵文「在路上」……等等，都有助於讓網路社群發揮活力。

(7)舉辦競賽

舉辦網路競賽。以文學為主體的社群而言，可以定期舉辦各種線上徵文比賽，按不同的文體或主題，制定比賽規則，動員會員參賽，公佈錄取名額，號召網友投票，決定名次。

【個案參考】網路競賽

主題：最動人的一句告白

報名方法：

1.轉帳1萬酷幣。

2.並請參賽的告白留在我留言板上（悄悄話最好）

3.字數限制在30字以內。

4.當滿10位報名參賽者，馬上開放給圖友們來投票

---

[6] 參考榕樹下《藍房子》社團活動《邀你一起背叛夏天》網址：http://www.rongshuxia.com/RsIndex.aspx

投票時間：2009年10月10日至17日

點閱率：2245次

投票人數：535人

投票網址：http://www.atlaspost.com/landmark-2063144.htm

第一名：風之寄　得票313票

參賽內容：

這世間最感恩的事是：

讓值得相愛的人，

可以相逢，

而不是錯過。

3.數位出版

繼2007年亞馬遜書店推出kindle電子書閱讀器獲得成功之後，2009年谷歌也宣佈要加入電子書市場的行列，而蘋果公司在2010年成功推出iPad平板電腦之後，更加促進了數位閱讀的方便性，一時間數位出版成為熱門的話題，對傳統出版界帶來很大的衝擊。

(1)電子書的機會點

電子書，一般需要配備特定的軟體及閱讀器才能夠閱讀。目前網路上提供許多免費的軟體及電子雜誌可供線上觀看，也可以通過下載然後線下閱讀。

電子書的優點很多，特別對傳統的出版業而言更能突顯不同以往的優勢，比如：

A.投入成本少

以往隨著書本暢銷，要不斷地再版，印刷成本相對增加；但是電子書一旦製作完成，不會因為下載而額外發生印刷成本，也節省第一次初版最低印數的投入要求。電子書賣得越多，利潤越大。

B.減少庫存問題

傳統紙本書籍，不管是三千本還是一萬本的印刷，都涉及印刷成本與庫存空間的問題。然而對於電子書而言，一本電子書內容，所需的電腦儲存空間普遍不大，一千本與一萬本電子書所占的電腦儲存空間，基本差異並不明顯。

C.下降運輸成本

只要製作完成，後續電子書的傳遞，只需由電腦後台軟體操作，省去書本搬運的問題。讀者只要在網路書店進行訂購，並完成付款之後，立即可以收到取書的密碼與通知，隨即馬上可以下載所購買的電子書，相當迅速便捷。

D.減少零售損耗

以往書籍出版之後，必須到書店大量的陳列，不僅增加營運的成本，對書本因為銷售不順暢所導致的退書、換書，處理成本很高。相對地，在網路書店就沒有書籍損耗的問題，也不會發生書店因為退書而產生耗損的困擾。

E.更加環保

在舉世節省地球資源的趨勢之下，一般機關團體、公司行號極力提倡無紙化的辦公室。如果將耗用大量紙漿的書本，漸漸轉化成為無紙化的電子書，將可減少砍伐成千上萬的綠樹。

F.價格低廉

由於不用印刷、省卻庫存、免去運送……對出版社而言，成本大幅下降，未來應該充分回饋消費者，大幅降低電子書的價格。讓電子書低廉的價格，來提高購書閱讀的意願，更有利於數位出版的推廣與普及。

G.購書方便

利用網路書店的搜尋功能，不僅可以快速的找書，並且有詳盡的書籍介紹，可以快速流覽，甚至可以同時看到大量的書評，作為購書的參考。一經決定購買，馬上網路下單、線上付款、下載取書，完全在網路環境下完成交易，十分方便。

H.攜帶方便

只要使用一台閱讀器，便可以儲存上百本電子書，因此攜帶相當方便，存放也不會太占空間，對讀者好處多多。

(2)電子書的問題點

僅管電子書的好處很多，但目前處於市場導入階段，電子書之所以還無法全面推動起來，自然有許多難題，需要一一去克服。

電子書的出版，目前遭遇到以下的瓶頸：

A.價格居高不下

電子書目前往往以紙本書的價格來出售，書價一直居高不下。這與網路上廉價政策的習慣不符，由於電子書的製作成本很低，不妨以「廉價付費」的觀念來爭取更多的讀者，這是出版業者必須突破的關卡。

B.閱讀習慣問題

電子書還在開發推廣的階段，一般讀者對它還未十分熟悉，閱讀電子書的習慣尚未養成，電子書當前的訂購量並不大。

C.閱讀工具待完善

目前電子書的閱覽器尚不普遍，也不夠人性化，而且閱讀軟體種類眾多，缺乏標準，軟硬體配套尚不健全。

D.內容種類不足

書本的數位化普及率還不夠，暢銷書還無法同步發行電子書；以往已經出版的書籍要重新加以數位化，得有重製成本，因此目前電子書的數量與種類有限，不夠豐富。

E.出版商意願不夠

由於目前訂閱電子書的讀者數量還不夠，傳統出版商寧願維持現狀，繼續發行紙本書籍，也不願意大幅對電子書降價來推廣。深怕萬一電子書降價之後，銷路沒有大幅成長，馬上對原有紙本書市場造成衝擊，這是出版社無法承擔的營運風險。

(3)電子書的行銷企劃

電子書既然是一種網路時代的新產物，不等同於原有紙本書籍的概念，應該有所創舉與革新，才能夠吸引新一代的讀者，成為未來出版主流。

電子書的網路行銷企劃類比如下：

A.內容

- **題材：**電子書內容選題的考量。網路族關心的主題，像愛情、交友、旅遊……都是一直普受歡迎的題材。
- **文字：**考慮目前網路的閱讀習慣，每頁文字性的描敘應該言簡意賅，儘量精簡，字數不宜太多。
- **圖片：**配合讀圖時代的來臨，應該盡可能使用大量的照片、圖片、漫畫來充實內容。
- **多媒體：**內容已經不限定靜態的頁面，結合動畫、影片、音樂的多媒體動態網頁，聲光俱佳，將是未來電子書內容的主流。
- **遊戲互動性：**以往讀者口耳相傳靠口碑來作好書推薦，現在利用網路線上的留言版，可以及時寫下讀書心得，再透過作者的回覆，及時取得雙向交流。電子書不再是單向的文本展示，更像網路遊戲般的充滿雙向互動的樂趣。

B.編排

- **超文字：**如同在電腦螢幕上看到的頁面一樣，不再只是靜態的頁面，應該要用超文字的網頁概念重新去編輯與設計。
- **超連結：**對於相關的注解與參照資料，也能以連結鍵的方式，使用點選跳躍連結的功能，方便閱讀。
- **規格：**考慮閱讀器的螢幕頁面規格來設計頁面最適當的尺寸，特別是電子書除了專用的閱讀器之外，也可以是電腦、也可能是手機、不同顯示頁面應該有不同的考量，增加電腦版、手機版等等。

C.價格

I. 微量收費的原則：電子書省略印刷、搬運、庫存……等等成本，在售價方面應該大幅度的調降，不妨採取「微量收費」的低價策略來吸引讀者，擴大電子書的普及。

II. 差異定價的考慮

- **線上與線下：**電子書可以線上閱讀，也可以整書下載慢慢閱讀。不同的閱讀方式，可以考慮不同的收費標準。多元化的收費政策，比如：如果是線上上閱讀時，可以採取點閱一次、付費一次的方式；也可以採整本書購買後，同一帳號可以不限次數隨時線上閱覽。
- **國內與國際：**語言決定數位出版的市場物件。同一本書因為不同的語言，可以有不同的定價，面向不同的國際市場。中文版的價格與英文版的價格當然可以有差別定價的可能，就連華文書的簡體版與繁體版也可以差別收費。

D.發行

- **多平台：**目前由於閱讀軟體還沒有統一的標準，因此不同的閱讀軟體，提供不同的銷售平台。同樣一本書，可能隨著應用軟體的不同，可以採用多軟體、多平台的發行方式。
- **多語言：**以往是販賣版權給不同國家的出版社去做區域發行；未來語言將成為版權談判的新標準，區域性為界限的意義逐漸下降，網路上販賣的是「華文版」、「英文版」、「法文版」……的書籍。

- **簡化交易：**在「微量付費」的原則之下，應該致力於如何讓買家方便選購書籍、快速閱覽、簡易付費，便捷下載……，整個交易流程，從購買、付款、取書完全線上簡便的完成。
- **雲端書房：**提供線上藏書功能。未來無線上網無所不在，購買的書籍除了下載到個人閱讀器之外，也能存儲在網路上，長期下來，對讀者而言，如同設立一個跨越時空的個人網路書房，能夠隨時存取想讀取的書籍。

E.推廣

- **部落格連載：**將書本內容利用部落格連載，吸引首批讀者，這種方式特別對於新作家、新作品而言，會更有效。
- **電子報：**電影、文學、藝術……都有特定的電子報訂閱對象，配合定期的專業性電子報來傳播，由於受眾目標明確，都是該領域忠實的讀者群與愛好者，成效更加。
- **社群話題：**在網路社團製造話題、發表議題，引發議論，動員社群會員關注與推介。
- **網路徵文競賽：**對於讀者舉辦徵文比賽，鼓勵撰寫讀書心得，從中選擇優良文章予以獎勵。
- **上市特賣：**上市前預訂，上市期間優惠購買。價格優惠往往是購買最後臨門一腳，有益於成交。
- **禮品書：**由於電子書的價格低廉，針對讀者喜歡的書籍，應該鼓勵讀者能夠主動推薦及甚至鼓勵讀者購買轉贈，將電子書朝「禮品書」的方向去設計與規劃。

- **贈品書：**電子書不僅可以當禮品，也可以當贈品。比如與紙本書合作，配合加購優惠方案，合併購買，如此可以順勢推廣電子書。
- **批量訂購：**結合禮品書的概念，再搭配一次批量訂購的優惠活動，可作為朋友之間的贈書，如果一次訂購可以購買10本、20本……提供優惠批量價格，讓客戶提供轉寄朋友的名單，代為傳送。

三、案例參考：《風之寄》的網路小說

案例核心價值：部落格空間經營、電子書的出版企劃、完全電子商務行銷模式

在2008年，上網搜尋「風之寄」，沒有相關的訊息，確定這是一個全新的名字，可以用來進行網路文學測試，因此決定以此作為筆名及網路上的暱稱。

1.市場SWOT分析

當時的大環境不佳，特別是在2008年發生國際金融危機之後，經濟下滑，各行各業普遍不景氣。出版業對於推出新書相形保守，特別是新人的作品，市場風險更大，出版不易。

2009年7月台灣大力推展數位出版，政府計畫投入大筆的資金來推動這項產業的發展。經由媒體大幅度的報導，加上近兩年美國亞馬遜網路書店推出電子書閱讀器，立即取得明顯的銷售成績，更有2010年蘋果iPad平板電腦的推波助瀾，一時間讓數位出版，成為備受關注的網路新興熱點產業。

(1)問題點

但是，由於電子書的閱讀軟體並不統一，電子書閱讀器的價位偏高，一般大眾對電子書的閱讀習慣與概念尚未養成，加上傳統出版業，生怕電子書的低價策略會立即危害到現有的紙本書籍市場，因此電子書的出版面臨瓶頸。

對於起步較晚的華文電子書，由於內容相對匱乏，也就是市面上很少有華文電子書可供選擇，縱使有少數的書刊發行，也由於價格與一般紙本定價雷同，無法發揮電子書應有的價廉優勢，銷售量並不大。因此雖然媒體鼓吹，電子書出版與讀者之間仍有一道壕溝需要跨越。

(2)機會點

當一般傳統出版業者還在猶豫對電子書的出版時，電子書的其他相關業者，如印刷業、電信業、電子書閱讀器製造商及閱讀軟體業者……等等，都急於要充實電子書的內容，加速電子書的出版。相較於已經成名的作家，由於他們已經有配合的出版社，對於數位出版的態度，取決於合作出版社的政策，因此對電子書的出版並不急迫。

2.線上寫作

在此情況之下，新興的數位出版者利用新的技術，新的定價策略，新的推廣方式，給新作家一個嘗試出版電子書的機會。

網路上的虛擬人物「風之寄」，開始他的網路寫作：

(1)部落格登記：

以「風之寄」為名，開始在各大部落格空間進行登記。申請很順利，沒有因為名稱重複而無法登記的情況，登記的部落格有雅虎、網易、百度、搜狐、新浪、雅虎、開心網、博克大巴、無名小站、地圖日記、痞客邦、Facebook、Plurk、Twitter……遍及各大部落格網站。大部分部落格是開放給所有網友自由登記加入，但也有一些需要透過網站會員的介紹才能夠加入，如開心網。每個部落格網站有一些共同的功能，如日記、相簿、交友；也有一些獨特的設計，如話題投票、站內遊戲、打招呼……等等。

(2)頭像的選擇

網路的頭像照片是虛擬人物的外貌。頭像可以是真實的個人照片，也可以是任何圖像。基於網路上時常喜歡俊男美女，特別是對女性的偏愛度相對比較高，因此選擇一件江衡的《新偶像》油畫作品，一位俏麗女孩作為頭像，只要是「風之寄」的相關網站，需要刊登照片，統一以《新偶像》圖稿作為對外形象。頭像是部落格的外在觀感，美美的圖像可以給陌生網友良好的第一印象。

(3)空間風格設計

部落格的空間有著濃厚的個人風格，從文章、圖片、情景音樂的選擇，在在反映個人關注的主題、專業、嗜好。「風之寄」的部落格有其一貫的特色，那就是以藝術為主軸，不管頭像或者文章的配圖，均以繪畫作品為優先考慮。部落格空間剛開始以隨筆的方式，刊登一些短文與隨筆，為凸顯部落格的特色，每篇文章都會加登一件油畫作品，作為文章的插圖。根據網友的反映，確實達到不同感受的效果。

【網路調查】

問題：風之寄的文章是否有助於你瞭解藝術家，親近藝術？

調查結果：

1.是的：	107人	占78.1%
2.沒有影響：	17人	占12.41%
3.其他：	13人	占9.49%

點閱數：688次

參加調查人數：137人

調查日期：2009年5月30日（7天）

網站：地圖日記http://www.atlaspost.com/landmark-1371039.htm

(4)文章的撰寫

有感於網路人口的年輕化，決定以年輕人為目標市場，視其為「隱藏性讀者」，在文章上刻意符合目標族群的內容安排。

總結「風之寄」部落格文章有幾項特點：

- **大量附圖：**年輕人喜歡閱圖。照片、圖片、個人寫真、漫畫、動畫、音樂MV……只要是圖像式的內容，閱讀率相對比較高。
- **文字精簡：**一般文章，每篇部落格內容，文字量不宜太多，控制在500字左右比較恰當。如果文章量大，就採連載的方式，分次刊出。這樣得安排來自網友的意見，在留言板裡，有些年輕的網友甚至直接留話，看文字比較慢，容易累。
- **序列性：**從單一性的文章，轉變成主題性的連載形式。而且讓網友知道這一系列將有多少篇文章，如此有助於吸引其不斷前來，累積讀者群。以地圖日記的部落格為例：「風之寄」，自2008年12月15日開始撰寫《寫給愛》系列性文章，並且一開始明確標明有48篇，每一篇有獨立的小標題，內容結合信函、隨筆、新詩、散文等多樣的文體形式，類比網路虛擬戀情的情景，展開一連串的對話、傾訴性文章，每篇文字控制在400-700字，並附有一件中國當代油畫作品；從第一篇文章開始，每天點閱人次從500次開始，經過15天後，每天平均有1200次的點閱率。之後，再度推出網路小說《風說》部落格之戀，每篇都登上當天的熱門日記，平均每天點閱率高達2000次。（http://www.atlaspost.com/user-93636.htm）。
- **主題偏好：**舉凡是有關愛情、美食、旅遊或熱門事件的評論總能創造比較高的點閱率。

【網路調查】

問題：你曾經看過網路連載小說嗎？（不分主題，至少同一位作者的小說連續看兩篇以上）

調查結果：

1.是的，至少一次：	93人	占76.23%
2.沒有，不曾有過：	29人	占23.77%

點閱數：565次

參加調查人數：122人

調查日期：2009年6月1日（7天）

網站：地圖日記http://www.atlaspost.com/landmark-1401472.htm

(5)留言的回覆

一般部落格網站，有兩種留言方式：一者為留言板的設置，針對部落格空間的訪客，留下普遍性的訊息，例如：對空間的看法，邀請回訪，或活動訊息等等；另外一種留言是在每篇文章之後的評論，讓網友留下讀後心得，寫下感想。來訪網友留言的回覆有其必要，試想網友不止來訪，還願意留話，是何等的熱情，回覆留言有助於增進彼此互動。根據部落格留言回覆的統計，對於初次來訪網友回覆留言，該網友的回訪率高達八成。

(6)互動性遊戲

網站經常所提供的一些具有互動性功能，比如地圖日記網站，設計有許多有趣的線上小遊戲、打招呼、小禮品、網路活動、投票中心……等等，其中每篇文章提供相關議題的投票功能，讓網友在閱讀之餘也能表達觀點，這種議題經常會有幾種選項，並且能夠及時統計結果，讓網友表達意見投完票之後，馬上可以查看最新的投票統計，有助於瞭解其他人對此議題的看法，相當及時有趣。善用這些互動性的小遊戲，可以讓網友感情加溫。

風之寄大量地在部落格文章舉行投票。每篇文章後面，設計問題、舉辦投票。來詢問網友對相關論點的看法。（參看地圖日記：http://www.atlaspost.com/landmark-1527313.htm）

(7)群組的參與

積極加入部落格網站會所提的供群組功能；以藝術網站「雅昌藝術網」為例。原有的群組功能，在2009年7月全面改版，重新按自由聯盟、區域聯盟及興趣聯盟三個大類來取代原有的「圈子」的功能。

廣義的詩代表文學，風之寄以「詩與畫」為群組的名稱，創立一個新的群組，廣邀喜歡文學與繪畫的網友加入。「詩與畫」目前是該網站熱門群組之一，會員約一萬五千人。參加群組的好處是讓文章的點閱率增加，而且能快速結交網路朋友，是累積個人部落格空間人氣很有效的方式。（參看：雅昌藝術網：詩與畫群組http://blog.artron.net/space.php?do=mtag&tagid=122）

【網路調查】

問題：早期女性主義者李虹的藝術十分關注同性戀主題，你對「同性戀」的態度如何？

調查結果：

1.可以接受：	108人	占76.6%
2.無法容忍：	11人	占7.8%
3.我有話說：	22人	占15.6%

點閱數：614次

參加調查人數：141人

調查日期：2009年6月30日（7天）

網站：地圖日記http://www.atlaspost.com/landmark-1527313.htm

【網路調查】

問題：你曾經參加過網路群組（社群）嗎？（如：地圖的小說愛好團／風之寄語／糖友會……）

調查結果：

1.是的：	79人	占63.2%
2.不曾有過：	46人	占36.8%

點閱數：477次

參加調查人數：125人

調查日期：2009年6月29日（7天）

網站：地圖日記http://www.atlaspost.com/landmark-1515953.htm

(8)關注電子書

電子書雖然是當前產業界關注的焦點，但實際整個市場還是處於開發的教育階段。目前電子書的模式有以下三大主流，一種是供線上閱讀，另外兩種涉及閱讀軟體之爭，有封閉式軟體與開放式通用軟體兩種版本，進一步說明如下：

- **谷歌的雲端電子書店**

谷歌（google）幾年前開始進行圖書的掃描數位化工作，數量超過700萬冊，這些「Google版」圖書被儲存在雲空間中，透過谷歌的圖書搜尋，就能找到這些數位圖書，並且能夠在任何可以上網的設備上閱讀，包括筆記型電腦、手機以及電子書閱讀器。這是一種只能購買儲存在「雲空間」中的電子圖書「訪問權」的新概念，未來能否為讀者所接受有待市場檢驗。

- **亞馬遜的kindle**

2007年的耶誕節前夕，世界最大的網路書店，亞馬遜書店首次推出一款名為「kindle」的電子書閱讀器，馬上銷售一空，迄今已經賣出50萬台，2009年2月再度推出「kindle」第二代，短短兩個月已經賣了30萬台，這種「kindle」電子書閱讀器，可以直接向亞馬遜書店訂購電子書，並下載供線下閱讀，閱讀器本身可以同時儲存上千本的電子書，在Kindle上，書籍的電子版本，透過數位版權管理（DRM）防止用戶複製或轉售Kindle電子書，從亞馬遜網站購買的電子書只能在Kindle或iPhone軟體上閱讀，這樣的限制主要是要擴大Kindle在電子書的壟斷地位。[7]

- **Sony的閱讀器**

相對於亞馬遜書店Kindle的封閉性閱讀軟體，日本索尼公司計畫在2009年底推出開放平台的電子書閱讀器，將採用IDPF（美國電子書標準化團體）所推行的EPUB電子書格式，可以支援多種設備，透過與谷歌簽署協定，獲得50萬本的掃描版電子書，未來該協議會擴充到100萬冊，欲挑戰亞馬遜書店電子書霸主的地位。[8]

- **蘋果的iPad平板電腦**

蘋果公司在2010年推出iPad平板電腦，這是一款功能介於智慧型手機iPhone與筆記型電腦之間的產品，可以流覽網頁、收發電子郵件、

---

7 劉霞《電子書標準統一之路還有多遠》科技日報2009年8月17日

8 參考《索尼推開放式平臺挑戰亞馬遜》來源TechWeb.com.cn 2009年8月14日

閱讀電子書、播放音樂及視頻。由於操作簡單、色彩精美，自推出以來大受歡迎。

關於電子書產業的發展，涉及閱覽器、內容以及交易平台三大塊，代表硬體、出版及軟體必須跨產業的合作。電子書發展的軌跡，必須先將原有已經出版的書籍、雜誌數位化；再者必須要有提供圖書交易的平台，讓讀者能夠自行下載電子書的閱讀軟體，最後則是提供閱讀的閱覽器設備，當然這一切必須在聯網的環境下來進行。

3.行銷企劃

將風之寄小說《風說》擬以電子書的形式出版發行，有關網路的行銷企劃4P與4C的組合考量如下：

(1)4C的考量

A.從消費者出發：

主要鎖定年輕族群，主題是愛情。背景是跨越時空的部落格奇緣，內容觀點涵蓋暗戀、思念、情慾，情節充滿聚散離合、跨越時空，交集出一部具有懸疑想像的現代浪漫小說，根據讀者反應，讀起來很有共鳴，甚至有自己的影子。

B.成本：

計畫以「微量定價」的精神，脫離紙本的定價習慣，直接以最低廉的價格為考量，讓讀者取得電子書的成本最低。

C.便利性：

計畫從書籍的簡介、節錄本、部落格連載，讓讀者很容易取得相關的資訊。有機會在網路上執行全套的電子商務，從上網試閱、訂購，付款、下載，一條龍作業，快速簡便。

D.遊戲性：

在每個章節後面，舉行觀點投票，讓讀者能及時表達觀點，增進閱讀的互動性與趣味性。設計電子書可以分線上版及線下閱讀版，計畫線上閱讀時，可以保留每個章節的觀點投票功能，當讀者投完票之後，可以立即觀看最新的統計數字，瞭解其他人對此問題的觀點與看法，具有「網路遊戲」讓讀者參與作品的時代精神。

圖22：數位出版產業鏈

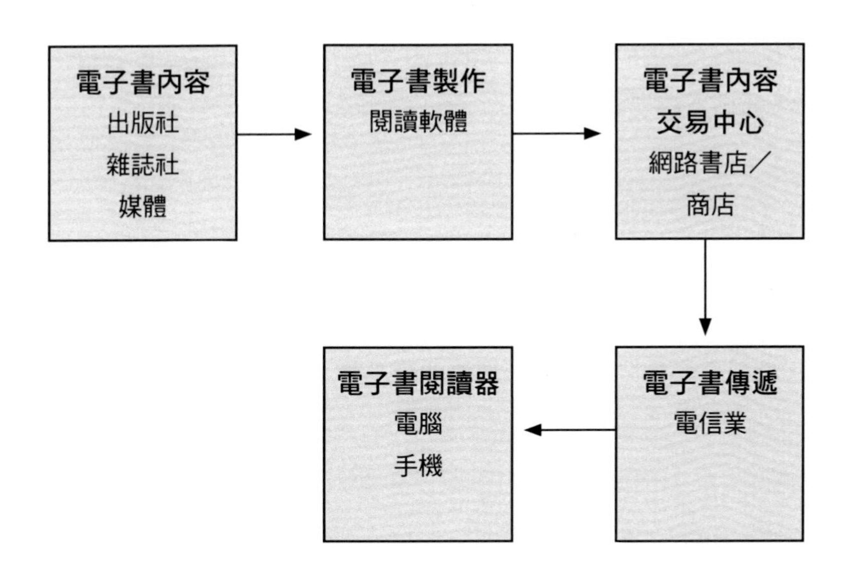

(2)4P的組合

A.產品：

保留部落格的精神，每個章節力求文字精簡，並配有圖片；版面的設計最原始的構想是超文字的頁面，將動畫、影音加入，礙於目前出版軟體尚未能配合，只能先上pdf格式的靜態頁面；但考慮每個網站的特性，計畫推出不同語言的版本。

B.價格：

以「微量」訂價為原則；由於原來部落格是免費性質，計畫每冊定價為台幣10元，或人民幣 1 元，可以線上閱讀，也可以下載離線閱覽。

C.管道：

考慮目前閱讀軟體尚未統一，因此採用多平台策略，配合每一種軟體與網站的特性，以多種語言版本來搭配，力求讓讀者方便選擇。

D.推廣：

- **部落格連載與推薦：**
  刊登內容，累計讀者群，配合發行，強力邀集網友助陣，幫忙推薦。
- **群組的話題：**
  在群組製造話題，引起關注，讓網友們討論、舉薦。
- **禮品書：**
  配合情人節與生日的特殊日子，以分享一段浪漫故事的方式，成為禮品書，與電子賀卡一起流通。

● 特別折扣：

配合新書發行，以加購價的精神，只要再加一點錢，就可以多訂閱一本轉贈好友的優惠政策。

● 異業結合：

擬將故事改編成為劇本，提供電視劇或電影拍攝，更能大幅收效。

4.執行狀況：

風之寄部落格經過一年的經營，撰寫的文章字數已經超過20萬字，初步在網路上達成以下的成效（2010年）：

(1)部落格首頁

由於風之寄的部落格風格突顯，曾被雅虎網站的部落格專欄選為「牛博之星」，頭像被刊登在部落格的首頁，每天創造高度的流量。

(2)熱門日記

在台灣地圖日記網站（http://www.atlaspost.com），每篇新刊登的文章，幾乎都是單日熱門日記的榜首，讀者群穩定的累積之中，部落格空間來訪點閱率已經超過45萬次（2010年2月）。

(3)群組經營

在雅昌藝術網成立「詩與畫」群組，短短幾個月成長迅速，截至2010年4月會員突破4000人，在雅昌網的群組會員規模排行第一（2010年）；文稿不定期的刊登，點閱率持續增加中。

【個案參考】風之寄的連載小說《風說》

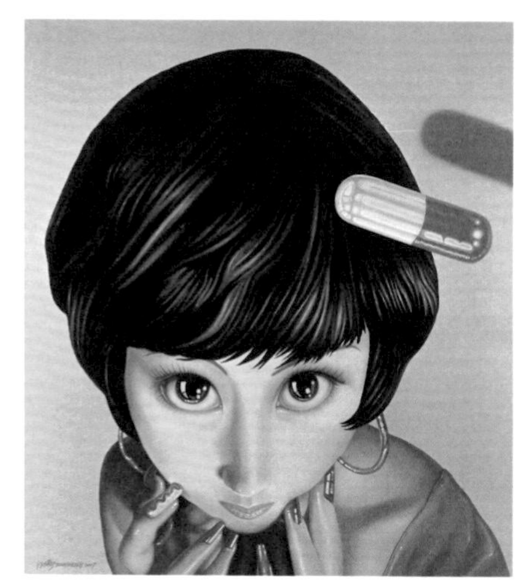

《圖：江衡，《新偶像》，布面油畫

文：風之寄

風說。

部落格之戀

Blog in love

風說：

有雨。

敘說一段穿越時空的愛情。

暗戀玫瑰的美麗，想念悠遠的風，燃燒熾熱的慾望，

擁抱浮生飄渺，譜成一首亙古傳頌的情歌。

邀您來傳唱：

《風說》五部曲。

首部曲：菁菁玫瑰

二部曲：思存

三部曲：攻玉

四部曲：風悠遠

五部曲：雨未央

(4)數位出版調查

「風之寄」部落格連載小說「風說」五部曲，刊登到三部曲時，開始進行網路調查，詢問來訪的讀者是否願意以台幣十元來購買風之寄的「電子書」。從參加調查的403人中，得到以下的結論。

- **八成以上願意購買電子書：**願意購買的人有343位，占全部受訪人數的84.28%，不會購買的有64人，占15.72%。
- **看過風之寄小說者有9成願意購買電子書：**受訪者中，有看過風之寄小說者，共有242人，占受訪人數的59.46%。這其中願意購買風之寄未來這本電子書的有224人，占92%，不願意購買者有18人，僅占8%，其中還有三位表示願意購買紙本書。

- **沒看過風之寄小說而願意購買者占七成以上：**在四成首次來風之寄部落格的受訪網友有165人，占受訪人數的40.54%。然而仍有119人願意購買此本電子書，占此部分人數的72.12%。顯示對電子書的內容雖然不甚清楚，仍有7成以上的網友有購買意願。
- **反應電子書售價太低：**在願意購買者中，竟然有31位加註意見，表達這本電子書的價格訂定過低，顯示低價策略，對網友相當具有吸引力，甚至有6位反應，這個價格可以多買一些來分贈朋友。但也有5位提出如何付款的問題，顯示低價格如果付款手續太麻煩，會影響購買意願的潛在性問題。
- **不願購買者願意加注意見者，理由有以下幾種：**比較願意購買紙本書有5位人，不看書的有3位，不看小說有4人，還是希望免費的有2位，沒錢買的有3位。

透過以上的調查顯示，電子書未來被接受的可能性很高，縱使文章在部落格空間可以免費觀看，卻仍舊有7成以上的網友對電子書有購買意願；表示未來「電子書」只要內容能為網友所接受，是有機會以「低定價」策略來收費的。

數位出版電子書的未來充滿希望。

【網路調查】

問題：如果風之寄的小說《風說》發行「電子書」每本售價台幣10元，你會購買嗎？

調查結果：

1.會：	343人	占84.28%
2.不會：	64人	占15.72%

點閱數：1373次

參加調查人數：407人

調查日期：2009年1027月30日（3天）

網站：地圖日記http://www.atlaspost.com/landmark-2245178.htm

— 第八章 —

結 論

德國著名哲學家「加達默爾」（Hans-Georg Gadamer, 1900-2002）說：

> 現代藝術最根本的表現形式特徵在於它取消了任何對象化的觀照方式，人們再也不能像欣賞傳統藝術那樣一覽無餘、一望便知了，現代藝術是一種遊戲之謎，是一種謎一般的遊戲，觀賞者的遊戲精神被現代藝術最充分地發揮出來，這已經證明了現代藝術的存在價值。[1]

遊戲原是藝術的本質之一，也是當下網路最受歡迎的網路精神。

處於後現代主義時期的當代藝術，在人人都應當是藝術家的口號下，大大拉近藝術與大眾的距離，透過網路的普及，讓一般人更容易將「遊戲之作」公諸於世。藝術與非藝術的界限越來越模糊，面對網路技術帶來的衝擊，對藝術的創作、消費與交換，產生一連串翻天覆地的影響。

藝術品在網路的行銷觀念，回顧既往發展的經驗，雖然可以歸納出一些金科玉律，但同時也必須與時俱進，因應網路速動時代的創新精神，結合地區市場特性，不斷地革新、以變制變。

[1] 李魯甯，《加達默爾解釋學美學思想的基本精神》，文章來源：山東大學文藝美學研究中心

網路藝術行銷，是整體藝術市場行銷的一部分，必須兼顧實體市場的現實，也有必要對虛擬市場的未來充滿想像。

第一節　網路行銷的金科玉律

藝術界的彼岸在哪裡？網路世界是大未來嗎？藝術需要想像力，網路提供一個充滿想像的廣闊天地。藝術市場發展至今，在網路行銷世界裡，總結過往經驗，不乏可以整理出一些金科玉律提供參考。按市場行銷最受關注的4P（產品、價格、管道、推廣），歸納4大對象導向的考量如下：

一、面向產品概念的考量

1.突顯獨特風格

網路能夠處理大量的顧客，同時也可以精準地滿足「單一」的消費者。藝術往往講求獨樹一格，要求風格獨特。在茫茫的網海裡，越具有特色的商品，反而越能夠贏得矚目。特別是在全球化浪潮的衝擊，對藝術而言，具備民族特色的作品反而能夠脫穎而出。因此藝術家應該充分發展個人的風格，吸取悠久歷史文化裡的「中國元素」來出類拔萃，利用網路資訊流通的自由性，突顯自我，吸引目光。只要善用網路平台所提供的各種交易機制，便能更有效地促進藝術收藏，擴大藝術消費。

2.建立品牌信譽

網路世界看不見彼此，在虛擬市場交易必須建立在相互間的誠信基礎上。因此在網路的信譽特別重要，信譽與品牌是相輔相成，跟知名度也密不可分。

藝術家的知名度越高，所設立的官方網站人氣自然興旺；而網站的品牌形象越好，越能吸引人潮。對於交易型的商務網站，這種信譽彌足珍貴，往往是網友們交易意願的首選。網路時代品牌的建立，來自網路的搜尋，透過搜尋的結果，大量的相關資訊與良好的評價，可以快速累積口碑，提高知名度，建立信譽。

3.藝術表現多元化

當代藝術因為材料運用的不同，產生更多元化的藝術表現。而藝術品與現成物的結合，並不只是將現成物轉變成一種藝術作品的呈現。將畫作的圖稿廣泛性的應用在各種日常用品的設計上，也是一種藝術的展現。新時代的畫家，可以不用賣畫，而是賣圖稿授權；當一張畫稿完成之後，可以授權到不同的行業，做不同的用途。透過授權，藝術可以與服裝、鐘錶、珠寶、飾品……結合，甚至與汽車、家電、電子業、餐飲也可以聯合推廣。讓藝術更加生活化，網路可以販賣的藝術商品，更加豐富多彩。再加上新科技的發展，網路與藝術的結合，不僅促成「網路藝術」的發生，未來各門類藝術之間的融合，隨著電腦、電器、電訊新產品的出現，勢必加速新藝術形態更崢嶸的蓬勃發展。

二、面向價格收益的考量

1.天下有白吃的午餐

「免費」商業模式依舊是網路最大競爭力。免費的展覽、免費的搜尋、免費的閱讀、免費的訊息仍是「吸睛」的主要途徑，網路行銷最迷人之處，就是到處可以發掘「免費」資源，如何善用這塊免費的平台，依舊是網路行銷的最大主流。當國外網路商場、網路拍賣、線上音樂、電子雜誌……這些網路商業模式及產品紛紛收費之際，在中國還依舊是免費的。免費政策是中國最具「社會主義特色」的網路精神，先藉由免費來大量吸引網迷的眼球，接下來再經由加值服務嘗試收費。

2.微利競爭的時代

網路行銷最迷人的地方主要是來自數量，難以細數的消費數量。成功的行銷可以吸引大量的人潮，創造超高的銷量。因此只要網頁有流量，就有收益的可能，「薄利多銷」會成為重要的盈利模式。電子書、網路電視、網路電影、網路音樂，動畫圖片，都需要大量的觀賞人潮，未來配合手機上網，讓行動商務更加普遍，結合話費支付的方便性，將使得網路盈利的機會大增，網路市場的規模更形擴大。中國上網人口已經名列前茅，中國電子商務的市場規模舉世矚目，只要提供的服務足以讓中國網友掏出一點點錢，電子書、電子雜誌、線上音樂、網路電影、圖片下載、網路新聞……，在微量收費下，盈利希望無窮。

3.正視周邊的效益

先有使用者才能招徠付費者，使用者不一定是付費者。對藝術而言，必須先要有觀眾，最好是累積一大群具有忠誠性的「粉絲」網友。這些網友或許不是直接付費的對象，但卻能為藝術創作者帶來肯定，贏得周邊效益。網路營收很奇妙，有時轉個彎，間接性的收益更大。或許藝術品本身在網路上，不會是最大的營收來源，反而是周邊的商品能帶來更大的效益。與其出售單一的畫作，還牌生產，來增加多元化的營收可能。

三、面向管道運用的考量

1.網路共生

開放式平台一直是網路的主流。谷歌是搜尋平台，paypal、支付寶是網路付費服務平台，eBay、淘寶網是網拍網購平台，平台使用者越多，越能發揮影響力。懂得利用最熱門的平台，分享該平台帶來的效益，藉以創造自身的價值。藝術網路行銷不是在謀求網站本身的盈利，而是透過網路資源的運用，異業的結合，讓藝術能夠創造效益。從免費的網路展覽，微量收費的圖檔下載、平價流通的藝術商品，甚至高端售價的線上競拍，整座藝術市場高低價格「金字塔」銷售的可能性，都有機會透過網路平台來達成。要成功地進行藝術市場的行銷，就是要有效運用這些網路資源來創造效益。

2.資源來自串聯

以往的行銷的觀念強調「競爭」，凡是以「競爭」為導向，最好能夠壟斷資源，獨佔通路；但在網路世界，擁有實體資源有時反而是一種負擔。運用資源最好的方式來自串聯，快速有效的組織與結合，通過網路的連接功能，來發揮更大的力量。與其自己設立一個網站來寫「部落格」，還不如在最熱門的「部落格」網站開闢空間；與其自己設立線上「票務」功能，不如委託專業的「票務訂購」網站代為售票；與其單打獨鬥的自己開設官方網站，不如在各種藝術網站大量的發佈作品。

3.語言是市場邊界

儘管說網路無遠弗屆，網站上使用的語言卻成為最主要的市場邊界。中文網站，適合在華人地區通行，但還得考慮簡體字與繁體字的障礙；而要打入國際市場，網站就必須多一種英文網頁的介面。因此網站多語言設計，就成為要拓展全球市場的必要考量。

4.雲端的世界

網路的未來在雲端。谷歌提出的「雲端運算」的構想，讓網路成為一個能夠快速更生不斷發展的虛擬世界，為網路世界指出一條全新的出路。雲端運算不是一項全新技術，而是一項概念，「簡單的說，就是把所有的資料全部丟到網路上去處理（service on the Internet）」

谷歌Google[2]指的雲端，是由一批超級電腦所組成，未來硬體的升級、軟體的更新，資料的存取，全靠雲端來運行。在雲端運算的世界裡，只要具備一個帳號能夠連接上「雲」，就可以發佈作品、交易作品、評價作品，一切在虛無飄渺間進行，一切在聯接上網的剎那間實現。雲端世界既虛無又真實，虛無的是這些作品、資料不必隨身攜帶，全部儲存到「雲」間；真實的是，在現實世界獲得的消費行為，越來越隨處可得。雲端的世界與現實界的緊密結合，大大地開拓了我們未來的人生。

四、面向推廣方式的考量

1.搜尋就是力量

面對資訊爆炸的時代，知識來自搜尋，有效的搜尋能力，如同攜帶一個「讀萬卷書、行萬裏路」的智慧寶庫。相對地，信譽也來自搜尋，靈活運用網路搜尋功能，讓自己的作品能夠快速地被尋獲，自己的資料能夠大量地被閱讀，就能有效而快速的建立「聲譽」。藝術家的名聲、劇團的聲譽、藝術品的知名度，越來越仰賴於來自網路搜尋的信息量與評價，而充分的訊息與良好的評價，往往是網路消費主要的促成力量。

---

[2] 林俊劭&楊之瑜《雲端計算為何改變10億人？》，見臺灣《商業週刊》2009年11月第1146期P48-49

2.遊戲增進互動

虛擬與真實的混肴，人生如戲，遊戲人生。藝術發生的本源之一就是「遊戲」，而在網路受歡迎的網站、影片，也多數因為「好玩、有趣」。要有效地執行網路行銷推廣，就必須正視這股網路的遊戲精神。讓網站的內容生動有趣，讓網路的活動好玩易懂。虛擬的彼岸不遠，藝術好玩的特質經由網路更加展現，深深影響著藝術的推廣與消費。

第二節　網路行銷不是萬靈丹

網路的出現，為藝術市場開拓了另外一塊充滿機會的虛擬空間，但卻無法替代真實的世界；儘管網路的力量強大，對藝術的影響今非昔比，但終究有其侷限性，也非萬靈丹，不斷有一些必須克服的問題與挑戰。

一、科技藝術之挪用仿冒問題

當代藝術發展至今，已經不需要靠藝術家的雙手親自去創作完成作品。[3]

當1917年，杜尚（Marcel Duchamp）將一個署名「Richard Mott」的尿便器送去參展開始，這件被名之為「泉」的作品，為當代藝術創造了一個全新的思考方式。

[3] 參考葉瑾睿，《數位美學》，第38-50頁，藝術家出版社，2008年5月

《泉》這件作品，突顯當代藝術的幾個特點：藝術家是否親手製作已經無關緊要，最重要的是藝術家選擇了這一個現成物——尿便器，並給予這件作品一個全新的名字，然後以雕塑的形態送到美術館去陳列，讓原來尿便器的功能消失了。這件作品創造了另一種全新的思考方式，觀眾無法使用尿便器原來的功能，只能以藝術欣賞的角度來思考它，這就是當代藝術表現的方式。

以借用為手段的藝術創作，在1980年代開始，形成所謂的「挪用藝術」（appropriation art）；挪用的定義為：將某物占為己有，在藝術的領域上來說，是把他們創作的部分或全部，用來建構完成一件新的作品。

到了2000年網路風行之後，網路藝術家更明目張膽地挪用線上資料、別人的網頁甚至拮取網路上傳輸的資料，來完成自己藝術創作。這種趨勢越來越普遍，將以往經典的圖像加以變化、加工或者扭曲的情況蔚為風潮，讓區別作品的原創性愈加困難。

儘管從創作的角度上，我們希望能夠保留給藝術家最大的自由去運用周遭的資源，但同時也必需要有法律的保障，來確保這些原本應該屬於原創者的基本權利，這其間如何權衡，時常引發爭議、甚至對簿公堂。山寨版作品、仿冒性商品的横行，侵權事件、盜用創意的頻繁，一直衝擊著網路藝術品市場的正常發展。

二、當代藝術的存在方式問題

常有人把我們目前所處的時期歸為後現代主義。

作為後現代主義時期下的當代藝術，其存在的方式，有別於以往，體驗藝術的方式也大不相同。在後現代主義下，由於藝術思潮本身的多元化，決定了藝術存在的多樣性。在後現代時期下的藝術，通過電影、電視、廣告、錄影、網路、通訊等媒體的傳播，模糊了藝術與生活的界限，改變了人們的思維和生活方式。[4]

如果要對後現代主義藝術作進一步的延伸，可以認為人人都應當是個藝術家。

網路屬於普羅大眾，網路的平民化，讓群眾的力量大為崛起。經由各種應用軟體的普及，讓繪畫、攝影、影片這些的製作越來越加簡便容易。

以2005年2月才成立的YouTube視聽網站為例：經過短短一年之後，在2006年，該網站的用戶每月平均點閱率已經超過二十五億次，而這些用戶，同時也是網站影片積極的供應者，平均每天網友會上傳六萬五千多支短片進入YouTube的資料庫。[5]

在網路媒體的普及之下，讓一般民眾的趣味性作品能夠大行其道。影響所及使得原本應該為「專業人士」所掌管的藝術，漸漸被「業餘大眾」的遊戲之作所取代。由於網路重視的是「高人氣」，但高流覽率並不能保證作品的高品質，而且很有可能大多數的作品是屬於難登大雅之堂的即興之作。如何在群眾創作與品味的提升之間取得進展，有賴於長期社會審美素質的提升。但與此同時，網路藝術市場如何在群眾當道，與專業模糊的浪潮中，讓原本屬於精英藝術，金字塔頂端消費的藝術品市場，得持續生存發展，充滿挑戰。

[4] 參考李小剛，《論後現代主義藝術存在方式的多元化》，合肥工業大學學報（社會科學版），第20卷第1期2006年2月

[5] 參考葉瑾睿《數位美學》第74頁，藝術家出版社，2008年5月初版

當代藝術以何種方式存在？如何商品化？以何種形式在網路流通消費？這是網路藝術市場持續必須關注、思考解決的問題。

三、網路藝術市場的流通瓶頸問題

以往常有人說：藝術是無價的。但在今日商品化社會裡，藝術品卻有必要被明碼標價。藝術品的收藏，已經不純粹只是無功利的一種審美態度，而進一步發展成為一種投資理財的工具。收藏家購買藝術品的潛意識裡，總希望所收藏的藝術品能有天價的漲幅。藝術與藝術市場的關係已經越來越緊密，藝術商業化的趨勢也越來越明顯。

但作為一種新型態在網路市場流通的藝術品，它的作品比起在傳統市場的推廣，存在更多的困難。網路市場藝術品的鑒定問題一直無法有效解決，網路市場只能透過照片、影片來展示作品，至於原作真實的狀況、真偽都不易辨別；儘管為了力求能夠充分展現藝術品的狀態，多數賣家會透過文字、照片、錄影和錄音的方式，來為作品提供詳細的說明，但買家不能在下單之前，檢視作品總是一大缺憾。再者網路的藝術消費習慣還有待養成，網路銷售能否販賣高價稀有的藝術品，一直以來都備受質疑。

儘管目前可以在網路上販賣的物品價格日漸提高，連奢侈品如鑽石也開始上網銷售，但一般藝術收藏，買家只憑藉圖片及文字說明兒無法觀賞事物，是一道難以逾越的關卡。在網路上，很多藝術消費還無法從網路獲得滿足，比如傳統的劇場表演、音樂會的演出、舞台劇的戶外公演、演唱會的實況參與，這些需要臨場消費的經驗，網路世界也還無法取代。

四、網路世界的法律規範不及問題

比起現實社會的市場紛爭，在網路的糾紛也不少。然而由於網路藝術市場是一種新興的、發展中的虛擬空間，所必須面臨的困難似乎更加複雜，因為執法者不僅需要具備網路的知識，也必須要有藝術的素養，然後還得精通法律條文，才能作出正確的判決。縱使如此，往往新的科技、新的營運模式、新的網路操作行為，持續地在挑戰現存的法律觀念與規範，這也讓網路市場交易，增添更多的風險。

五、虛擬無法完全脫離現實問題

完全利用電子商務來進行藝術消費的時代還未來臨。

網路畫廊無法取代實體的畫廊，網路的劇場也無法完全取代真實劇場的臨場觀賞經驗。很多網路獲得的訊息，取得的票券，甚至購買的藝術品，都需要實體的後勤支援來完善，完全線上服務的模式，仍待發展之中。

目前大部分的網路藝術市場，只能算是電子商務的半套服務，也就是習慣被稱為「滑鼠加水泥」的混合模式。這種模式是利用「線上」來發佈資訊、展示作品、取得訂單，再由「線下」提供藝術演出、藝品運送等服務，來完成整個交易。虛擬空間的業務還得有實體世界的服務來完成。

第三節　迎接網路速動時代的來臨

比爾蓋茲曾說：如果八〇年代的主題是品質，九〇年代是企業再造，那麼西元兩千年後的關鍵就是速度。網路世界講求速度是為了求新求變，面對改變，以變制變。

網路常被用來與早期一些的發明作比較，如果以第一億名用戶出現的時間來衡量。廣播花了四十三年、電腦花了十七年，電視也得十六年，相較之下，網站只花了五年就風起雲湧，大行其道。快速、經濟、便捷是網路能夠快速普及的主要原因。

在網路的世紀裡，世界快速在變化之中，唯一不變的定律就是保持變化。網路很多成功的模式，都是靠創新求變嘗試而來的。網路行銷雖然可以歸納出一些原則原理，但並非不可侵犯、一成不變。因為網路世界持續在變動之中，藝術產業也在不斷更新發展進行時，藝術品在網路的行銷方式，必須隨之日新月異的不斷演變。

未來市場，持續在現實的此岸與虛擬的彼岸中擺渡，交相影響。

中國具有世界最大的網友人口，未來電子商務市場發展潛力無窮。面對網路速動度時代，藝術市場行銷，不僅得對過往快速地的經驗回顧，還得勇於求新求變，掌握中國市場特質，對未來充滿想像地快步前行。

【行業報導】行動上網　新商機

中國國際電子商務中心副主任張大明指出，由於使用手機上網的平均時數超過傳統PC，因此未來行動上網將成為電子商務的重要戰場，會有越來越多消費者使用手機等行動裝置購物，電子商務業者應該要更加重視這個發展趨勢。

張大明指出，2014年初，全球手機用戶達70億戶，今年底全球移動設備使用者將超過全球人口總數。

據百度統計，行動上網人均上網時間已經超過PC，網友使用行動裝置上網的趨勢快速成長。目前有47.8%的網站推出手機專用行動網頁，16.9%的網站設有行動上網APP，行動上網將會更加普及。

張大明指出，大陸的行動上網發展速度和已開發國家差不多，大陸手機上網用戶已經達到8.11億戶，成為新增上網用戶的主要來源，而且手機成為上網主要裝置的趨勢更加明顯。

統計顯示，大陸手機使用者占上網的比例已經超過8成以上，過去主要使用微信等社群網路軟體來聊天，但現在逐漸轉為利用手機購物，因此騰訊、阿里巴巴等電子商務巨頭，都積極推動手機購物的便利性。其他電子商務業者，也應該抓準手機購物的趨勢，積極發展手機購物商機。[6]（2014）

[6] 節錄自中時電子報記者彭女韋琳《張大明：行動上網 電商新商機》，網址：http://www.chinatimes.com/cn/newspapers/20140808000996-260301

參考文獻

一、專著

1. Kotler&Keller.marketing management[M].梅清豪譯.行銷管理[M]上海：人民出版社，2007:10.
2. Charles D.Schewe.marketing Principles and Strategies[M].New York:Random House, 1987:5.
3. Philip Kotler.Marketing Management.高熊飛譯.行銷管理：分析、規劃與控制[M].台灣：華泰書局印行, 1980:25、132
4. Liz Hill&Catherine O'Sullivan&Terry O'Sullivan.Creative Arts Marketing.林傑盈譯.如何開發藝術市場. [M].台灣：五觀藝術管理有限公司出版，2006：83
5. 鄭月秀.網路藝術[M]台灣：藝術家出版社，2007：75、126
6. Kotler&Scheff.Standing Room Only[M].第34頁
7. Liz Hill&Catherine O'Sullivan&Terry O'Sullivan.Creative Arts Marketing.林傑盈譯.如何開發藝術市場[M].台灣：五觀藝術管理有限公司出版，2006：83
8. 朱立元.接受美學[M].上海：人民出版社，1989:192
9. 《馬克思恩格斯選集》第二卷[M].人民出版社，1995:94
10. 王宏建主編.藝術概論. [M].文化藝術出版社出版，2006:430

11. 村上隆.藝術創業論[M]. 江明玉譯，台灣：商周出版，2007：67-49

12. Liz Hill&Catherine O'Sullivan&Terry O'Sullivan.Creative Arts Marketing [M].林傑盈譯.如何開發藝術市場.台灣：五觀藝術管理有限公司出版，2006：89、279、280

13. Kotler.P.&Keller Kevin Lane.Marketing Management.梅清豪譯.行銷管理[M].上海：人民出版社，2007:288、209、313

14. Liz Hill&Catherine O'Sullivan&Terry O'Sullivan.Creative Arts Marketing.林傑盈譯.如何開發藝術市場[M].台灣：五觀藝術管理有限公司出版，2006：96-98

15. Willian J. Byrnes.Management&the Arts桂雅文&閻惠群　譯.藝術管理這一行[M].台灣：五觀藝術管理有限公司，2006：404

16. Kotler.P.&Keller Kevin Lane.Marketing Management梅清豪譯.行銷管理[M].上海：人民出版社，2007:414

17. Kotler.P.and Andreason.A.（1996）.Strategic Marketing for Non-Profit Organizations.張在山譯.非盈利事業之策略性行銷[M].台灣：國立編譯館，1991

18. Liz Hill&Catherine O'Sullivan&Terry O'Sullivan.Creative Arts Marketing林傑盈譯.如何開發藝術市場[M].台灣：五觀藝術管理有限公司出版，2006:89、323

19. 黃文叡.藝術市場與投資解碼[M].台灣：藝術家出版社，2008

20. PROE. Dr.Werner Heinrichs & PROE. Dr.Armin Klein. Kulturmanagement von A-Z吳佳真.於禮本譯.文化管理　A-Z [M].台灣：五觀藝術管理有限公司，2004：190

21. 張文慧.如何利用INTERNET行銷[M].台灣：聯經出版事業公司，1998：1-2
22. 屈雲波、靳麗敏、劉筆劍編著.網路行銷[M].企業管理出版社，2007:11-19
23. 夏學理、鄭美華、陳曼玲、周一彤、方凱茹、陳亞平編著.藝術管理[M].台灣：五南圖書出版股份有限公司，2007：543-544
24. 俞立平主編.網路行銷[M]中國：時代經濟出版社，2006:5
25. Philip Kotler&Dipak C.Jain&Suvit Maesincee.MARKETING MOVES A NEW APPROACH高登第譯.科特勒行銷新論[M].中信出版社，2002:8-19
26. 黃敏學著.網路行銷[M].武漢大學出版社，2006:26
27. 夏學理、鄭美華、陳曼玲、周一彤、方凱茹、陳亞平編著.藝術管理[M].台灣：五南圖書出版股份有限公司，2007：545-546

二、期刊論文類

1. 中國網路路資訊中心（CNNIC）.第23次中國網路路發展狀況統計報告[J].2009
2. 羅青.當代藝術市場的結構[J].東方藝術：2006,21
3. 曾軍宏.油畫藝術市場興起的原因探析[J].商場現代化：2007,10
4. 殷雙喜.遲到的追尾：中國當代藝術品市場淺議[J].美術觀察:2006,8
5. 奈良美智.為了我自己[J].當代美術家：2007,3
6. 田志凌.當代藝術明星將被取代[J].南方都市報：2009年2月19日

7. 曹明.試論經紀人對促進藝術市場發展的重要作用[J].藝術經理人：2006,17
8. 劉曉丹.是誰掌控藝術品的定格大權[J].藝術市場：2007,7
9. 羅小東.略論畫廊的藝術經紀人職能[J].收藏界：2007,3
10. 殷雙喜.藝術媒體如何平衡商業和學術的關係[J].中國文化報美術週刊：2009年5月14日
11. 齊鵬.網路時代現代藝術的崛起[J].文藝報：2002年5月9日
12. 網上拍賣業務提速 佳士得嘗試線上拍賣[J].勞動報：2006年8月21日
13. 成遠.Google埋單唱片業　數位音樂廣告分成模式已顯露端倪. [J].ＩＴ經理世界：2009年4月22日
14. 李文倩&滕青.網路與藝術傳播革命[J].北方論叢：2003,2
15. 劉晗&龔芳.網路藝術的可能幾其現實形態[J].紅河學院學報：第5卷第6期，2007,12
16.
17. 於海防、薑灃格.論「電子簽名法」上的資料電力效率法則[J].煙台大學學報：網址：http://www.cyberlawcn.com/Get/llyj/dzzj/20070625679.htm，2007年6月25日
18. 什麼是新媒體藝術[I].百度知道，貼吧，2007年1月6日，網址：http://zhidao.baidu.com/question/17149447
19. 趙力.藝術市場行情的背後[I].雅昌藝術網專稿，2008年4月28日，網址：http://news.artron.net/show_news.php?newid=43990
20. 趙力.誰是決定力——中國當代藝術的代表力量[I].雅昌藝術網專稿，2008年4月16日，網址：http://blog.sina.com.cn/s/blog_535264250100a46x.html

21. 史光起.梅蘭芳：從炒作到行銷[I].中國行銷傳播網，2008年12月23日，網址：http://info.ceo.hc360.com/2008/12/25083570788.shtml
22. 林懷民.做自己，雲門舞集之路[I].北京文藝網，2008年3月20日，網址：http://blog.sina.com.cn/s/blog_49b7b2a3010009sb.html
23. 稱線民數達2.98億三指標居世界第一[I].騰訊科技.報告2009年一月13日網址：http://tech.qq.com/a/20090113/000149.htm
24. 第23次中國網路路發展狀況統計報告[I].CNNIC報告：2009年1月，網址：http://www.cnnic.net.cn/html/Dir/2009/01/12/5447.htm
25. 趙浩《網路著作權侵權糾紛案件管轄權的確定》法制與社會第8期2007年9月20日網址：http://www.cyberlawcn.com/Get/llyj/zscq/20070921960.htm
26. REX〈人為什麼需要社群〉[I].2008年5月6日，網址：http://buzz.itrue.com.tw/blog/?p=305
27. 百度知道《什麼是誠信通》[I].2007年5月5日，網址：http://zhidao.baidu.com/question/24727164.html
28. 五大唱片公司訴百度終審敗訴[I].中國網路法律網，網址：http://www.cyberlawcn.com/Get/xw/20071221540.htm，2007年12月27日
29. 藏品交易聲明[I]. 博寶藝術網，網址：http://www.artxun.com/
30. 中國展覽網.發佈資訊[I].網址：http://www.zl360.com/fa/bu/zhan/hui.shtml
31. 專業評論：玫瑰畫家黃騰輝[I]，黃騰輝.玫瑰藝術中心，參見網址：http://www.rosemuseum.com/page03-1.htm
32. 凱迪拉克藝術行銷會否曲高和寡？[I].越野e族，2008年6月18日，網址：http://news.fblife.com/2008/june/50F6E393.html

33. 古典玫瑰園創辦人黃騰輝捐贈「白玫瑰雕塑」義賣賑災[I].經濟日報，網址：http://edn.gmg.tw/article/view.jsp?aid=172233
34. 李麗慶.網路寫作：從叛逆到回歸[I].粵海風：2003年第2期，網址：http://blog.lanyue.com/blog/user.asp?id=162827&list_type=0&class=%CD%F8%C2%E7%CE%C4%BB%AF
35. 榕樹下《藍房子》社團活動《邀你一起背叛夏天》[I].網址：http://www.rongshuxia.com/RsIndex.aspx
36. 劉霞.電子書標準統一之路還有多遠[I].科技日報：2009年8月17日，網址：http://big5.ce.cn/cysc/tech/07ityj/guoji/200908/17/t20090817_19592476.shtml
37. 索尼推開放式平台挑戰亞馬遜[I].來源TechWeb.com.cn 2009年8月14日，網址：http://www.techweb.com.cn/news/2009-08-14/427361.shtml
38. 解讀京城藝術拍賣[I].北京商報：2007年8月19日　網址：http://www.ici.pku.edu.cn/Article/depth/art/artwork/687.html
39. 21CN〈嘉德線上陸陽：青年畫家是市場未來主流〉[I].2008年9月27日網址：http://it.21cn.com/itnews/people/2008/09/27/5255133.shtml
40. 李魯寧.加達默爾解釋學美學思想的基本精神[I].山東大學文藝美學研究中心，網址：http://www.aesthetics.com.cn/s40c1254.aspx

三、參考網站：

1.B2C

- 西單商場：http://www.igo5.com
- 當當網：http://www.dangdang.com
- 卓越網：http://www.amazon.cn
- Blue nile : http://www.bluenile.com/china
- lands end: http://www.landsend.com/
- ppg: http://www.ppg.cn/yesppg_cn/default.aspx
- 紅孩子：http://www.redbaby.com.cn/

2.B2B

- 海爾集團：http://www.haier.com
- 聯想集團：http://www.lenovo.com.cn

3.中立交易平台

- 阿里巴巴：http://www.alibaba.com.cn

4.網路招標模式

- 江蘇政府採購網：http://www.ccgp-jiangsu.gov.cn/frontweb2/index.jsp

5.網路拍賣模式

- eBay: http://www.ebay.com/
- 易趣：http://each-net.com
- 雅寶網：http://www.yabuy.com
- 淘寶網：http://www.taobao.com
- 網易：http://www.163.com
- 八佰拜：http://www.800buy.com.cn
- 酷必得：http://www.coolbid.com
- 雅昌拍賣訊息網：http://auction.artron.net/index.php

6.入口網站

- 新浪網：http://www.sina.com
- 搜狐網：http://www.sohu.com
- 雅虎網：http://www.yahoo.com

7.線上服務模式

- 聯眾遊戲：http://www.ourgame.com
- 騰訊聊天：http://www.tencent.com
- 聯邦快遞：http://www.fedfx.com

8.郵寄清單行銷模式

- 希網網路：http://www.cn99.com
- 博大：http://www.mailist.bodachina.com

9.網上教育模式

- 北京新東方：http://www.neworiental.org
- 101遠端教育網：http://www.chinaedu.com/
- 教育學習網：http://www.eduxue.com/

10.仲介服務模式

- 攜程旅行網：http://www.ctrip.com
- 永樂票務：http://www.228.com.cn
- 台灣兩廳院售票網：http://www.artsticket.com.tw
- 北京文體演出票務網：http://www.beijingpiao.com/

11.搜尋網站

- Google: http://www.google.cn/
- 百度：http://www.baidu.com

12.其他網站

- 起點中文網：http://www.qidian.com/
- 網路小說—天涯線上書庫：http://www.tianyabook.com/wangluo.htm
- 21CN寬頻影院：http://v.21cn.com/index_bb.htm
- ZCOM電子雜誌：http://www.zcom.com/
- 嘉德線上：http://www.artrade.com/
- 網路畫展：http://www.g1expo.com/
- 中國電子商務法律網：http://www.chinaeclaw.com/

- 網上行銷新觀察：http://www.marketingman.net/
- 招商銀行：http://www.cmbchina.com/
- YouTube: http://tw.youtube.com/
- 土豆網：http://www.tudou.com/
- Arttime藝術網：http://www.arttime.com.tw/pay/about.asp
- 果陀劇場：http://www.godot.org.tw/
- 朱宗慶打擊樂團教學系統：http://www.jpg.org.tw/newschool/index.html
- 雲門舞集：http://www.cloudgate.org.tw/
- 河洛歌仔戲：http://www.holoopera.com.tw/
- 年代售票網：http://www.ticket.com.tw/
- 表演工作坊：http://www.pwshop.com/
- 美術同盟：http://arts.tom.com/
- 世紀線上：http://www.cl2000.com/
- 古根漢：http://www.guggenheim.org/
- 中國網路資訊中心：http://www.cnnic.com.cn/index.htm
- Yessy art gallery: http://www.yessy.com/google.html
- Emailbrain: http://www.emailbrain.com/eb/index.shtml
- 阿里媽媽：http://www.alimama.com/
- 網上支付：https://www.paypal.com/
- 支付寶：http://market.alipay.com/alipay/promotion/index.html

當代藝術家
作品賞析

當代藝術家作品賞析1　豈夢光

作品：豈夢光，《火。阿房宮》，布面油畫，81×170cm，1996年

推介人：水天中

豈夢光是一個善於將幻想和現實形象熔於一爐的藝術家。

由於豈夢光畫中的世界體現著所謂「人工的真實」，即人造的世界的荒謬關係；不合情理的結構竟十分自然地相安相得，並共同沉浸於濃重的歷史落照之中。人類世界大概就是這樣，每一個逝去的時代都是逝去的荒謬和問題，而不是一個心安理得的結論。[1]

[1] 節錄自《水天中與豈夢光對話錄》

當代藝術家作品賞析2　曾曉峰

作品：曾曉峰，《戲狗圖之一》，素描、丙烯、油彩，200×180cm，1999年

推介人：殷雙喜

在中國當代藝術中，曾曉峰是一位風格奇異，獨立特行的藝術家。他的藝術跨越了從現實到夢幻，從想像到變相，從自然浪漫到工業冷漠這樣廣泛的視覺形態。曾曉峰作品中形式的隱藏，圖像關係的複雜，形成了他的相對晦澀沉鬱的畫風，這使得他的作品拒絕通俗流暢的閱讀，而指向凝視與震驚。[2]

[2] 節錄自殷雙喜《從隱喻到象徵——曾曉峰藝術圖像中的當代意義》

當代藝術家作品賞析3　徐曉燕

作品：徐曉燕，《大地的肌膚》，布面油畫，150×180cm，1998年

推介人：邵大箴

對人、自然、大地和自然的思考，驅使徐曉燕在繪畫創作中取得成功；而創作上的成就也推動了她更深入地思考人生與藝術的許多道理，這個過程反映在她近幾年的創作上，作品更有悲愴色彩，更有思想深度，更有精神內涵了。[3]

[3] 節錄自邵大箴，《大地優美而悲壯——讀徐曉燕的畫》

當代藝術家作品賞析4　張國龍

作品：張國龍，《黃土NO.20》，綜合材料，200×150cm，1994年

推介人：范迪安

對當代藝術正在發生的這些變化，特別是當代藝術面臨的這些要解決的問題，藝術家張國龍是早有敏感和思考的。我之所以說他是「早有」，是因為他從九十年代開始，就在自己的藝術實踐中接觸、碰撞過這些問題，尤其是這些問題的努力實踐者和不懈探索者。[4]

[4] 節錄自范迪安，《堅定的「材料派」——探討藝術材料與藝術觀念之關係的張國龍》

當代藝術家作品賞析5　岂夢光

作品：岂夢光，《想像中的地主庭院》，布面油畫，89×116cm，1998年

推介人：馬欽忠

岂夢光屬於那種冷靜沉思、寡言內向、習慣於思考、揣摸、和別人也和自己較勁的人。他追求畫面的視覺的閱讀快感，也追求畫面的思想內涵的厚度。岂夢光找到了自己的路，那便是從民族文化史去找資源，從當代生存的切膚之痛去建立價值基點，從繪畫的繪畫性來完成並終結他的思考。[5]

[5] 節錄自馬欽忠，《論岂夢光的繪畫特點與文化理念》

當代藝術家作品賞析6　張國龍

作品：張國龍，《生命39》，綜合材料，48×36cm，1993年

推介人：劉曉純

張國龍是當前中國抽象油畫中學院傾向的突出代表之一。他畫中有一種生氣和活力，一種躁動於母腹中的生命意識和生命狀態，一種在強大的傳統規範中而奮力掙脱的人格精神。這些使他的畫中有一種外沖的張力。[6]

[6] 節錄自劉曉純，《抽象藝術與學院主義》

當代藝術家作品賞析7　江衡

作品：江衡，《散落的物品之三》，布面油畫，165×135cm，2005年

推介人：馬欽中

江衡是中國「卡通一代」重要藝術家代表之一，他不在思考畫面的所謂深度，在繪畫語言上直接消解了油畫語言的純粹性和學院特徵，故意以畫廣告、畫卡通的視覺敘述切入社會生活。江衡主要是以青年人生活的「夢想」和期待來切入時尚風潮。[7]

[7] 節錄自馬欽忠《時尚風潮中「迷失的自我」——關於江衡的〈卡通一代〉系列》

當代藝術家作品賞析8　馬軻

作品：馬軻，《奔跑的馬》，布面油畫，200x150cm，2004年

推介人：義豐

馬軻常使用一些符號，比如「三角」、「讀書」與「馬」來表達內心的想法；三角或許是他心中的一座聖山，他把三角運用在畫面，期待賦予一份獨特的莊嚴；中國人「讀書高」的寓意，也讓他經由在大海中、高樹顛，格外引人沉思；而喜歡畫馬，更彰顯他滿懷一顆急待自由馳騁的心。據說陳丹青有一回在拍賣展會上，看了馬軻一幅《奔跑的馬》大為讚歎，認為中國年輕一輩畫家居然能畫成這個樣子，真不簡單。

很高興愈來愈多人開始關注馬軻的畫，對這一位很早就被列名中國「新藝術的後援」生於七〇年代的青年藝術家，我們樂見他對藝術堅持，逐漸綻放光芒。

當代藝術家作品賞析9　趙文華

作品：趙文華，《白露》，布面油畫，112×146cm，1995年

畫家自敘：

《白露》創作與1996年，該作品主要表現一種生命的和諧。畫面中馬群、山石、草木、河灘的設置象徵著自然界物種生靈的存在，為了這些生命的意義在視覺上更加統一凝聚，在創作手法上利用了近似單色，採用外形線條來連接畫面結構，雕塑般的造型，灰白色調。以此來產生一種幻境感，這裡是感覺中的真實，有一種無限的精神張力。

當代藝術家作品賞析10　豈夢光

作品：豈夢光，《百步穿楊》，布面油畫，150×150cm，2005年

推介人：易英

豈夢光的油畫是在編織一個現代神話，現代的概念對他來說並不只是對現代觀念的詮釋，而是在深刻地體驗了自我的時候，也就展現出了一個現代社會中孤獨的心靈。豈夢光的畫是一種更為徹底的個人主義精神，他毫不顧忌潮流與趨勢，在一種對藝術製作的直接體驗和對人生的冥思中來講述自已編造的寓言與神話，也正是在這樣一種關係中豈夢光才找到了形式與題材的統一。[8]

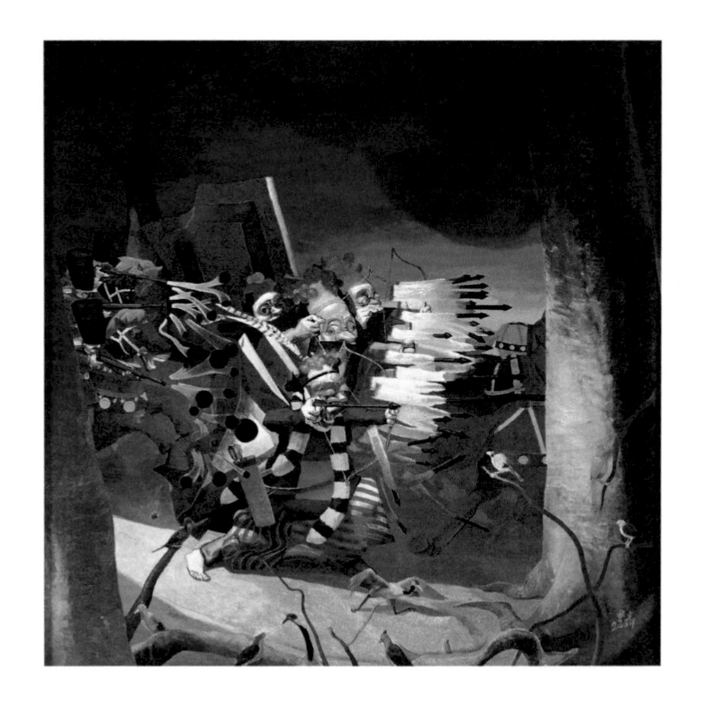

[8] 節選自《美術研究》（96．2），易英著《現代神話與精神家園》

當代藝術家作品賞析11　馬軻

作品：馬軻，《在路上》，布面油畫，200×150cm，2008年

推介人：陶詠白

出生在70年代的馬軻，被稱為「新生代」畫家。他的畫既有具象的寫實，更有意象、心象隨機的抒寫，遊弋在具象與抽象之間獲得表現的更大空間，卻又始終在觀念的滲入中尋求著某種社會內涵和生存意義。把自己的人生體驗，視覺經驗和幻覺世界的形形式式，用象徵性手法，激起觀者心靈的震顫和聯翩的浮想。[9]

[9] 節錄自陶詠白，《象徵，意義的追求——試解馬軻的畫》

當代藝術家作品賞析12　支少卿

作品：支少卿，《西遊記》，布面油畫，100×120cm，2006年

推介人：陶詠白

支少卿的《西遊記》，可喜的是他能在重讀古典中今譯內涵，用後現代的手法直擊當代現實，表現出了一種熱血青年對社會的責任感，一種深切的人文關懷，一種社會的批判精神，這樣的人生和藝術選擇，值得稱讚。

當代藝術家作品賞析13　趙文華

作品：趙文華，《生命之光》，布面油畫，120×140cm，1996年

推介人：賈方舟

趙文華的新作延續了他在90年代的探索，那時的他，更傾心於對歷史時空的宏大敘事，在回望神秘的遠古文化、追索人類的歷史蹤跡中呈現對蒼茫深邃的時空的敬畏與沉思。它反映了人類對自己的生存環境和未來命運的擔憂，對人類無度揮霍自然資源的自我反省。正是在這個意義上，趙文華對這一主題的持久關注愈益顯示出其作品精神價值。[10]

[10] 節錄自賈方舟《精神圖像的視覺呈現——趙文華近作解析》

當代藝術家作品賞析14　馬軻

作品：馬軻，《每人心中都有一根骨》，色粉筆、碳精條，70×50cm，1998年

推介人：孫磊

馬軻一直以來以其極為篤定的信心執著於單純的油畫語言對心靈與精神的開拓，並且，他一直努力宣導更幽微、更具有想像力的聲調來完成他對這一時代的深度挖掘。[11]

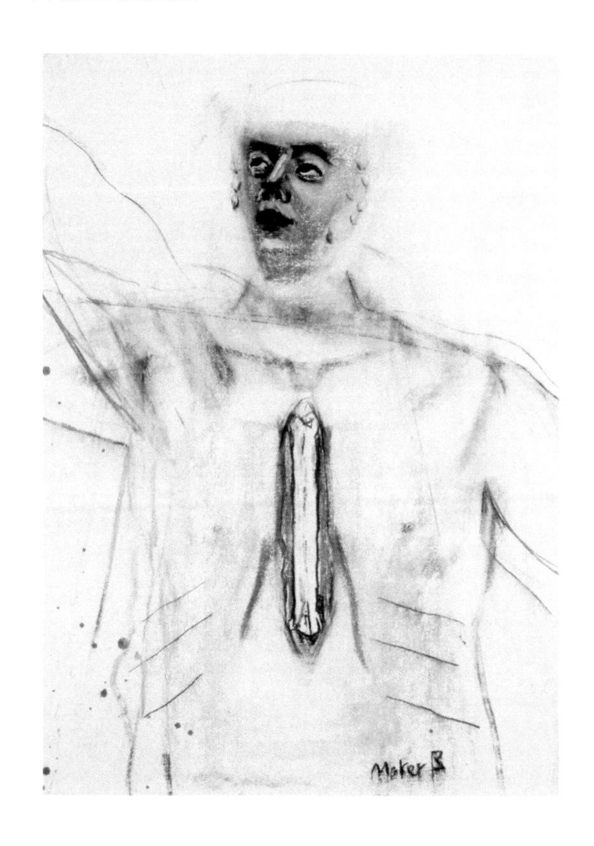

[11] 節錄自孫磊，《那光必使你抬頭——談馬軻的新作》

當代藝術家作品賞析15　江衡

作品：江衡，《散落的物品系列——新偶像》，布面油畫，170×190cm，2007年

推介人：義豐博士

卡通一代重要代表畫家之一的江衡，最近以一系列《散落的物品》，來描繪時尚女子的夢想與渴望；經由滿天散落的物品，結合漫畫般甜美的靚女，完成一幅幅形象動人，卻隱喻十足的現代版童話。

每項物品都有它的意涵：比如玫瑰代表真情，紅星代表榮耀；如果掌握手槍是駕禦男子的慾望，那飛機就是一份追求自由的願望。

美麗的女孩，往往要面臨更多的問題與挑戰。

最近有位朋友剛剛結束一段戀情，帶著憂傷的口吻傾訴說：

我珍惜的，他已經全部帶走，

留下來的，有許多卻不想擁有……

我看到了她的一顆紅心與玫瑰正散落一地。

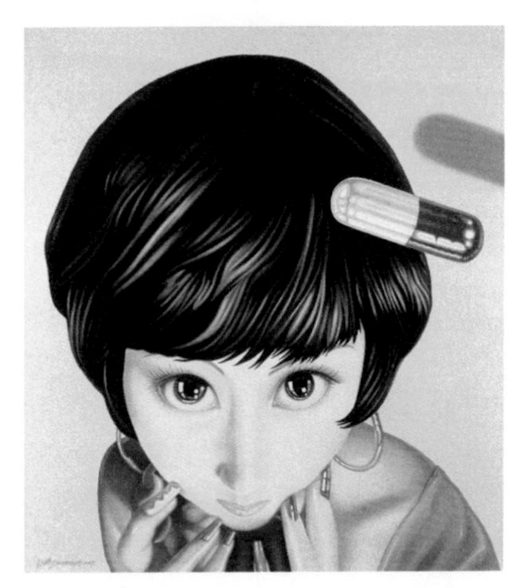

江衡以《散落的物品》來描繪當下都會女子的愛恨情「愁」；同時他也開出了藥方：

藍色藥丸可以讓人遺忘，紅色藥丸為你透視真相，綠色藥丸呢？讓我們相信會像童話故事裡，幸福和快樂是結局？[12]

[12] 節錄自義豐博士《卡通一代的現代童話：江衡「散落物品系列」心情故事》

當代藝術家作品賞析16　鄭金岩

作品：鄭金岩，《水木清華》，布面油畫，180×200cm，2003年

畫家自敘：

「雪融豔一點，當歸淡紫芽」，每當我畫畫時，松尾巴蕉的這首俳句，總是縈繞在我的腦際。它使我想到晚秋、早春那迷朦又空靈的荷塘，枯瘦的枝葉在灰白的背景上舞蹈，點點星星的落紅跳躍，其間淡紫色的柔霧，像奶一樣流淌，這季語的詩意，撩人心腑；「遵四時以歎逝，瞻萬物而思紛，悲落葉於勁秋，喜柔條於芳春。」對這景物的感受其實也即是對人生的體驗，深穿其境，物我如一。希望我的畫筆能捕捉住這殘荷的風韻。

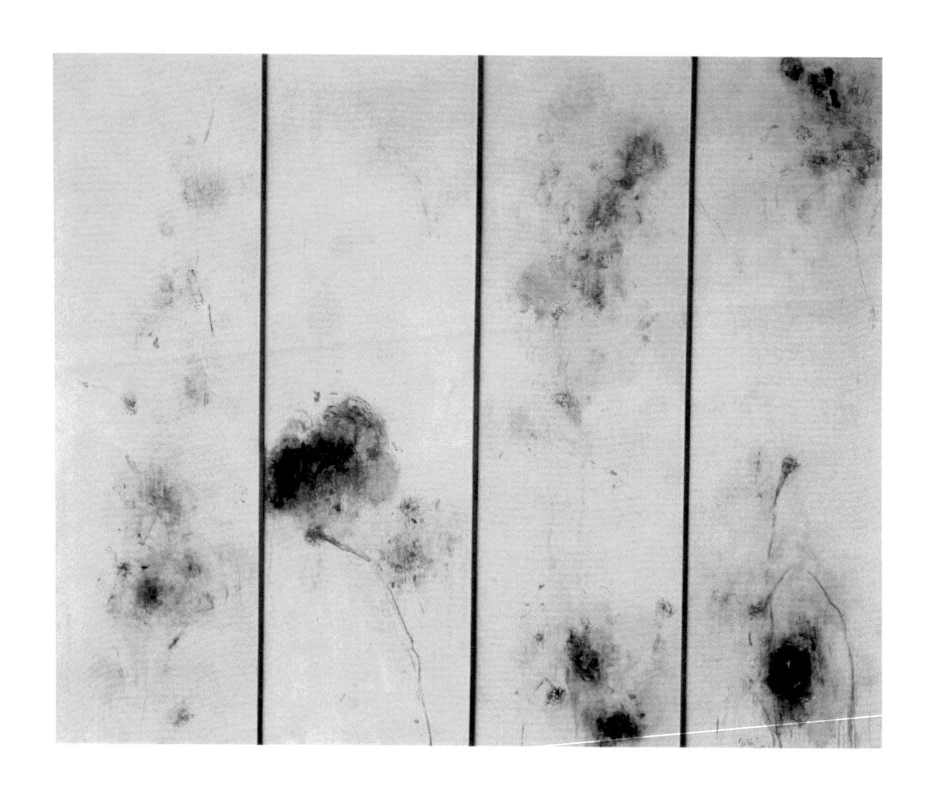

當代藝術家作品賞析17　石磊

作品：石磊，《棲身何處》，布面油畫，160×110cm，2004年

推介人：冀少峰

在《藍色房間》和《棲身何處》中，石磊的藝術表達更加自由，煩躁不安的描寫是極具內省性的，暗示著掩藏於筆觸下的一種焦慮與驚恐。房屋的牆壁要麼被抽空，要麼只剩一個光禿禿的房屋結構，表現性的筆觸，怪誕而又令人不安的圖像，個體的焦慮體驗與日常困擾的公共生存經驗相契合，個體的視覺經驗與生存現實的重疊，不僅激蕩著人們的心靈，也引起閱讀者的共鳴，石磊智慧性的從多元複雜的都市生活入手，緊扣都市化進程中的社會文化的敏感話題，但他又沒有簡單的複製都市化的生活圖景。[13]

[13] 節錄自冀少峰《悖論與交錯間——談石磊的藝術》

當代藝術家作品賞析18　趙文華

作品：趙文華，《折射》，布面油畫，130×160cm，1998年

推介人：郎紹君

趙文華的作品轉換跨度非常大，我感覺他是把內蒙草原的那種空間意象給轉化為昇華了的整個人類生存空間，變成超驗的空間，在精神和空間的描繪上是非常成功的，畫面風格很具有特徵，這種風格的建立，是來自他豐富生活的積累和對人類文化的關注。

當代藝術家作品賞析19　張國龍

作品：張國龍，《方圓－輝煌》，綜合材料，150×150cm，2005年

畫家自敘：

我借鑒了中國古幣的形式以及對太極圖的理解——以陰陽兩極的既和諧又對立的關係體現出中國傳統的宇宙觀。在這個巨大的圖式上，我力求融入陰與陽、天與地、動與靜、男與女、生與死等相互對立而又相互統一的因素。這種「天圓地方」的格局，既有雲氣走動、溝壑縱橫、波翻浪湧的大千世界的視覺表像，同時在畫面的中央亦即圓形的中央是一個硬邊的方形，與氣象萬千的寰宇相比，這個方塊是寧靜的、平和的，是一種以靜制動的力量。[14]

[14] 節錄自張國龍，《靜觀與凝思》，北京出版社，黃土魂，2005年，第10頁

當代藝術家作品賞析20　曾曉峰

作品：曾曉峰，《夜》，布面油畫，180×150cm，1993年

推介人：陶詠白

曾曉峰，這位來自雲貴高原的畫家，帶著某種宗教和巫文化的神秘，以豐富的想像力和對原生態大自然的親和與激情，用浪漫的筆調不斷畫出令人驚異的畫面。在他的畫面中不論是美夢也好，噩夢也罷，都是暗喻著對當代時政、文化衝突、人對自然的掠奪等人類生存中的大問題的思考，以「客觀地、冷靜地、人道地審視」所表現出他內心矛盾、困惑、焦慮的生存經驗。[15]

---

[15] 參考葉瑾睿《數位美學》第74頁，藝術家出版社，2008年5月初版

當代藝術家作品賞析21　祁海平

作品：祁海平，《黑色主題之25》，布面油畫，200×200cm，1999年

畫家自敘：

書法、水墨畫和油畫，在我的軌道裡交叉進行，各自獨立又互相融合。我想運用各種材料從不同的方面去表達自己的想法。我認為各藝術門類的綜合才會出現新的契機，拘泥於單一畫種的完善已無更多的意義。

當代藝術家作品賞析22　陳正雄

作品：陳正雄，《朦朧的河》，墨、壓克力彩、紙本，36×53cm，1994年

推介人：陳義豐（藝術學博士、策展人、作家）、龍柏Jean-Clarence Lambert（法國名詩人、藝術評論家）

陳正雄以完備的美學理論，結合傳統文化的意涵，讓他的抽象藝術，屢屢獲得大獎肯定，曾經兩度蟬聯「佛羅倫斯國際當代藝術雙年展」最高榮譽獎，為亞裔第一人，並在1974年獲選為英國皇家藝術學會的終生院士，與趙無極、朱德群同為享譽國際的華人抽象藝術三傑；陳正雄會被畫壇尊稱為：「臺灣抽象繪畫之父」。

——陳義豐

陳正雄是個繪畫的詩人。他畫中有詩、詩中有畫。

每一幅畫都是一首詩歌，更往往是情

——他將藝術家天生的浪漫與縷縷柔情完全寄語於畫布上。

——龍柏Jean-Clarence Lambert

當代藝術家作品賞析23　汪世基

作品：汪世基，《虛構的靈光－城市組曲－13-11》，油彩、畫布，116×91cm，2014年

推介人：陸蓉之（美術系教授、策展人、藝評家）

汪世基是台灣當代傑出油畫家，他極富現代感的繪畫表現突出。以「城市組曲」系列來說，他試圖傳達的是都市文明發展中，人與城市互動下的人文現象觀察與感受。並以對比的方式，在作品中呈現出時間感與時空落差。他雖參酌了新的顯相表現方式下所產生的虛構現象，也保留了繪畫的本質，並呈現個人的視覺美感風格。

汪世基具有豐富的藝術經歷，並可看出不少反映在作品中。他似乎以科學的精神加上其細膩的觀察與人文思考，使其作品具有張力及豐富的閱讀性。

新銳藝術12　PH0154

新銳文創
INDEPENDENT & UNIQUE

藝術網路行銷

——點擊中國藝術市場

作　　者　陳義豐
責任編輯　劉　璞
圖文排版　賴英珍
封面設計　楊廣榕

出版策劃　新銳文創
發 行 人　宋政坤
法律顧問　毛國樑　律師
製作發行　秀威資訊科技股份有限公司
114 台北市內湖區瑞光路76巷65號1樓
電話：+886-2-2796-3638　傳真：+886-2-2796-1377
服務信箱：service@showwe.com.tw
http://www.showwe.com.tw
郵政劃撥　19563868　戶名：秀威資訊科技股份有限公司
展售門市　國家書店【松江門市】
104 台北市中山區松江路209號1樓
電話：+886-2-2518-0207　傳真：+886-2-2518-0778
網路訂購　秀威網路書店：http://www.bodbooks.com.tw
國家網路書店：http://www.govbooks.com.tw

出版日期　2014年12月　BOD一版
定　　價　450元

Printed in Taiwan

國家圖書館出版品預行編目

藝術網路行銷：點擊中國藝術市場 / 陳義豐著. -- 一版. -- 臺北市：新銳文創, 2014.12

面； 公分. -- (新銳藝術；PH0154)

BOD版

ISBN 978-986-5716-33-2 (平裝)

1. 藝術市場 2. 網路行銷 3. 中國

489.7 103020877

讀者回函卡

感謝您購買本書，為提升服務品質，請填妥以下資料，將讀者回函卡直接寄回或傳真本公司，收到您的寶貴意見後，我們會收藏記錄及檢討，謝謝！
如您需要了解本公司最新出版書目、購書優惠或企劃活動，歡迎您上網查詢或下載相關資料：http:// www.showwe.com.tw

您購買的書名：________________________________

出生日期：________年________月________日

學歷：□高中(含)以下　□大專　□研究所(含)以上

職業：□製造業　□金融業　□資訊業　□軍警　□傳播業　□自由業
　　　□服務業　□公務員　□教職　□學生　□家管　□其它____

購書地點：□網路書店　□實體書店　□書展　□郵購　□贈閱　□其他

您從何得知本書的消息？

□網路書店　□實體書店　□網路搜尋　□電子報　□書訊　□雜誌
□傳播媒體　□親友推薦　□網站推薦　□部落格　□其他________

您對本書的評價：（請填代號　1.非常滿意　2.滿意　3.尚可　4.再改進）

封面設計____　版面編排____　內容____　文／譯筆____　價格____

讀完書後您覺得：

□很有收穫　□有收穫　□收穫不多　□沒收穫

對我們的建議：________________________________

____

____

____

請貼
郵票

11466
台北市內湖區瑞光路 76 巷 65 號 1 樓
秀威資訊科技股份有限公司 收
BOD 數位出版事業部

（請沿線對折寄回，謝謝！）

姓　　名：＿＿＿＿＿＿＿＿　年齡：＿＿＿＿　性別：□女　□男

郵遞區號：□□□□□

地　　址：＿＿＿＿＿＿＿＿＿＿＿＿＿＿＿＿

聯絡電話：（日）＿＿＿＿＿＿＿＿（夜）＿＿＿＿＿＿＿＿

E-mail：＿＿＿＿＿＿＿＿＿＿＿＿＿＿＿＿